소문난 레스토랑의 맛있는 비건 레시피 53

오늘, 나는 비건

김홍미 지음

나와 세상을 사랑하는 방법, 오늘 비건 한 끼 어떠세요?

건강, 환경, 동물복지에 대한 관심이 높아지면서 비건은 하나의 생활양식으로 자리 잡았어요. 채식을 하는 사람들이 눈에 띄게 늘었고, 비건 제품도 쏟아져 나오고 있죠. 음식뿐 아니라 옷, 화장품, 생활용품에서도 이제 비건 인증을 받거나 비건이라고 표시된 제품을 쉽게 찾을 수 있습니다.

가장 큰 변화는 식생활이에요. 우리 삶에 먹는 일처럼 중요한 게 없잖아요. 하지만 막상 비건식을 시작하면 외식이 쉽지 않아요. 김치에는 젓갈이 들어 있고 국물은 멸치로 우리는 등 일반 식당의 음식에는 거의 동물성 재료가 들어 있기 때문이죠.

그래서 비건 레스토랑을 찾아 나섰어요. 서울, 경기 지역에서 진짜 맛있는 비건 요리를 먹을 수 있는 레스토랑 11곳을 엄선했습니다. 100% 비건 전문 레스토랑도 있고, 비건 음식과 일반 음식이 함께 있는 레스토랑도 있어요. 메뉴도 다양하고, 무엇보다 정말 맛있어요.

맛있는 비건 요리를 집에서도 즐길 수 있도록 레스토랑의 비밀 레시피도 소개합니다. 레스토랑의 고유 레시피를 공개한다는 게 쉬운 일은 아닐 텐데, 셰프님들이 더 많은 사람들과 더 맛있는 비건식을 나누고 싶은 마음으로 기꺼이 알려주었어요.

"비건이 아닌 사람이 먹어도 맛있는 비건식을 만들려고 노력했습니다." 비건 레스토랑의 셰프님들이 입을 모아 한 말이에요. 비건도 맛있게 먹을 권리와 방법이 있다는 것입니다.

비건 음식은 왠지 맛없을 것 같아서, 비건이 되는 길은 너무 어려울 것 같아서 망설이고 있나요? 하루 한 끼, 비건식으로 작은 발걸음을 내디뎌보면 어떨까요? 완벽하지 않아도 괜찮아요. 비건은 나와 지구를 위한 즐겁고 설레는 선택이 될 것입니다.

김홍미

Contents

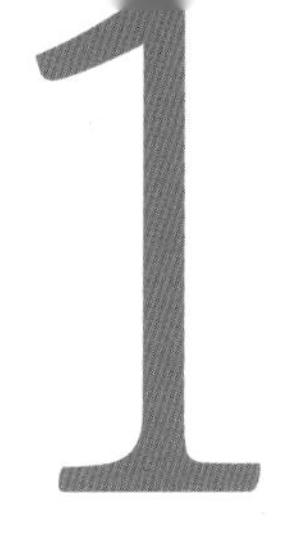

나, 동물, 지구, 모두를 위한 비거니즘

비건이란?

비거니즘(비건주의)은 동물을 음식으로 먹거나 동물로 옷, 가방, 신발 등을 만들거나 그 밖의 다른 목적으로 동물을 착취하고 학대, 도살하는 것을 배제하려는 철학이자 생활 방식이다. 더 나아가 동물을 사용하지 않게 하는 대안을 추구하며 살아간다. 한마디로 비거니즘의 실천은 동물을 착취할 여지가 있는 식품, 제품, 서비스 등을 거부하는 것이다. 완벽한 비건이 되기에는 제약이 많아 실행 가능한 범위 내에서 최대한 실천한다는 의미로 '비건 지향'이라는 표현을 쓰기도 한다.

비거니즘을 너무 어려워하거나 완벽해야 한다는 압박 때문에 시도를 망설이는 이들이 많다. 완벽하게 실천하지 못하면 그 노력 자체를 비난하는 이들도 있다. 하지만 비거니즘에 완벽해야 한다는 전제는 없다. 비거니즘의 핵심은 나와 다른 존재들을 존중하고 고통을 줄이는 데에 있다. 불완전한 실천도 의미는 있다.

비거니즘은 삶을 가두는 틀이 아니라 평화적으로 살아가는 방식이라고 할 수 있다. 그런 비거니즘을 바탕으로 살아가는 사람들을 비건이라고 한다.

비건이 되는 이유

건강을 위해 | 채식을 하면 몸이 가볍고 건강해지는 것을 느끼게 된다. 여러 가지 비타민과 미네랄이 몸에 활력을 주고 면역력을 높이며, 식물성 단백질이 성인병 예방을 돕는다. 풍부한 식이섬유는 노폐물을 배출하고, 생 채소에 들어 있는 효소는 신진대사를 활발하게 한다. 칼로리가 적어 다이어트 효과도 볼 수 있다.

동물성 음식을 먹지 않아 오히려 영양 균형에 더 신경 쓰게 되는 것도 좋은 점이다. 또한 동물성 음

식의 빈자리를 통곡물, 견과, 씨앗, 과일과 채소 등 비타민과 미네랄, 식이섬유가 가득한 음식으로 채울 수 있어 건강에 더 도움이 된다.

환경을 위해 | 탄소 발자국을 줄이기 위해 개인이 할 수 있는 가장 효과적인 방법은 고기를 먹지 않고 동물 성분이 들어간 제품을 피하는 것이다. 대규모의 공장식 축산업은 온실가스 배출의 큰 원인이다. 온실가스 중에서도 가장 강력한 메탄과 이산화질소를 만들어낸다.
가축을 키우기 위해 필요한 작물과 물, 농장, 고기와 동물성 제품을 생산하기 위한 도살과 가공 등 모든 것이 환경에 큰 부담이 되는 요소들이다. 환경을 걱정한다면 탄소 발자국을 줄이며 만든 제품을 사용해야 한다.

동물을 위해 | 비건은 동물과의 정서적 교감과 애착을 넘어 지각이 있는 모든 생물은 생명과 자유에 대한 권리가 있음에 주목한다. 그 권리를 존중하며 인간의 삶을 위협하지 않는 방식, 동물과 사람이 건강하게 공존하는 방식으로 살아간다.
동물권을 지키기 위해 우리가 할 수 있는 일은 동물을 재료로 하는 음식이나 우유 등 동물이 생산한 음식을 먹지 않고, 동물의 털과 가죽으로 만든 제품과 동물실험을 거친 화장품 등을 쓰지 않는 것이다. 만약 육식을 하게 된다면 동물복지 인증마크가 있는 제품을 구입한다. 동물원, 서커스, 동물카페 등 동물을 대상화하거나 착취하는 서비스에 반대하는 것도 동물권을 지키기 위해 해야 하는 일이다.

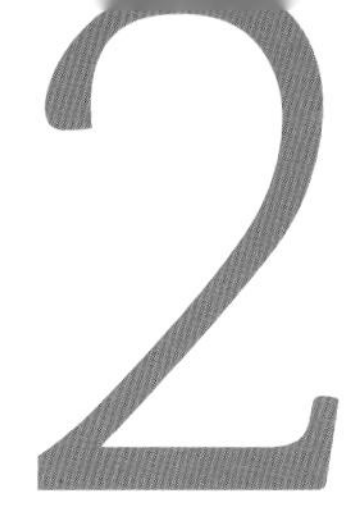

맛있고 건강에 좋은

비건식 시작하기

다양한 채식의 단계

동물성 음식을 제한하고 곡식, 채소, 과일 등으로 식단을 구성하는 채식은 허용하는 식품에 따라 여러 단계로 구분된다. 동물을 넘어 식물의 생존까지 생각하는 프루테리언을 빼면 비건이 가장 높은 단계라 할 수 있다. 처음부터 완전히 비건 식단으로 바꾸기는 쉽지 않다. 하루 한 끼만 비건식을 하고 점차 횟수를 늘려가거나 상황에 따라 유연하게 선택하는 플렉시테리언부터 시작해보자.

프루테리언 fruitarian |

식물의 생존을 방해하지 않는 열매, 잎, 곡식 등만 먹는다.

비건 vegan |

동물성 음식을 먹지 않고, 동물 착취로 얻은 제품도 소비하지 않는다.

락토 베지테리언 lacto vegetarian |

채식을 하긴 하지만 유제품까지는 허용한다.

오보 베지테리언 ovo vegetarian |

채식을 하긴 하지만 달걀까지는 허용한다.

락토 오보 베지테리언 lacto-ovo vegetarian |

채식을 하긴 하지만 달걀과 유제품까지는 허용한다.

페스코 베지테리언 pesco vegetarian |

채식을 하긴 하지만 생선, 달걀, 유제품까지는 허용한다.

폴로 베지테리언 pollo vegetarian |

붉은 고기를 먹지 않는다.

플렉시테리언 flexitarian |

채식을 지향한다. 때에 따라 고기를 먹는다.

비건 식생활 노하우

5대 영양소를 빠짐없이 섭취한다

5대 영양소인 탄수화물, 지방, 단백질, 비타민, 미네랄은 우리 몸에 꼭 필요한 영양소다. 비건식을 하면 동물성 식품에 많은 필수아미노산과 비타민 D, 비타민 B군, 칼슘 등이 부족해질 수 있다. 영양제를 챙기거나 하루 30분 이상 햇볕을 쬐고, 칼슘이 많은 해조류도 챙겨 먹는다.

비타민 B_{12}는 건강기능식품으로 보충한다

비타민 B_{12}는 혈액을 만드는 원료로 쓰여, 부족하면 악성 빈혈, 위축성 위염 등이 나타날 수 있고 쉽게 피로감을 느낀다. 채소에는 극히 적어 보충할 필요가 있다. 검은콩이나 단호박을 먹으면 도움이 되고, 건강기능식품을 먹는 것도 좋다.

한 가지 음식만 고집하지 않는다

비건식을 하면 가장 많이 먹는 식품 중 하나가 두부다. 하지만 한 가지 음식에 치우치면 부족한 영양소가 생길 수 있다. 해조류, 버섯류 등에도 양질의 단백질이 많으니 다양한 식품을 골고루 먹는다.

지방은 견과류와 씨앗류로 보충한다

양질의 지방을 섭취하는 것도 중요하다. 호두, 잣, 아몬드 등의 견과류와 참깨, 들깨 등의 씨앗류를 적절히 섭취한다. 씨앗류는 기름으로보다 통으로 먹는 것이 더 좋다.

3

비건 요리에서
자주 쓰는 재료

두부

두부는 단백질이 풍부하고 우리 몸에 유익한 식물성 지방이 들어 있어 비건식에서 가장 많이 쓰는 재료 중 하나다. 튀기고 굽고 찌는 등 다양한 조리법으로 고기 대신 사용하면 훨씬 더 풍성한 맛의 비건 요리를 즐길 수 있다.

병아리콩

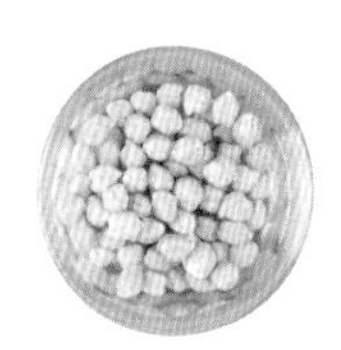

대표 비건 음식인 후무스의 주재료로 칼슘, 철분, 식이섬유가 풍부해 혈당 관리에 도움이 된다. 지방이 적고 단백질이 많아 비건식에서 부족해지기 쉬운 단백질을 보충하기에 적합하다.

렌틸콩

볼록한 렌즈 모양을 하고 있어 렌즈콩이라고도 불린다. 단백질과 식이섬유는 물론 엽산도 풍부해 세포의 생성을 돕는다. 렌틸콩 반 컵으로 약 8g의 단백질을 얻을 수 있는데, 이는 살코기 30g으로 섭취할 수 있는 단백질 양과 맞먹는다. 보통 콩보다 빨리 익고 불릴 필요가 없어 요리하기도 편하다.

단호박

달콤한 맛과 포만감 덕분에 다이어트식이나 비건식에 많이 쓴다. 풍부한 베타카로틴이 몸속에서 비타민 A로 전환되어 눈 건강에 도움이 된다. 각종 미네랄과 식이섬유가 풍부해 노폐물을 배출하고 혈압을 유지하는 데도 효과적이다.

토마토

붉은색을 내는 라이코펜이 활성산소를 제거해 노화를 막고 암을 예방한다. 콜레스테롤을 줄이는 효과도 있다. 다른 재료와 잘 어울려 비건식에 많이 쓰며, 기름으로 요리해 먹으면 영양 흡수가 더 잘된다.

가지

피자, 라자냐 등을 만들 때 도우 대신 많이 사용한다. 가지는 보라색을 내는 성분인 안토시아닌이 항산화 작용을 해 암을 예방하고 콜레스테롤을 낮춘다. 칼로리가 적고 수분 함량이 90%가 넘어 다이어트 식품으로도 좋다.

루콜라

서양 채소로 피자나 파스타 등에 두루 쓰인다. 쌉쌀한 맛과 특유의 향이 있어 비건식에 활용하면 맛이 더 풍성해진다. 비타민과 미네랄이 풍부해 피로 해소에도 도움이 된다.

버섯

단백질과 미네랄이 풍부한 저칼로리 식품으로, 에르고스테롤이 콜레스테롤 수치를 낮추고, 베타글루칸이 면역력 강화와 항암 작용에 도움을 준다. 쫄깃한 맛이 고기와 비슷해 고기 대신 주재료로 쓰기도 한다.

아보카도

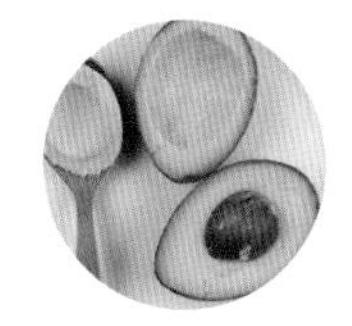

필수지방산과 비타민 E가 풍부해 콜레스테롤을 줄이고 노화를 막으며 치매를 예방한다. 버터나 크림을 쓰지 못하는 비건 요리에 아보카도를 넣으면 버터의 역할을 한다.

블루베리

안토시아닌이 풍부해 눈과 뇌세포의 노화를 막고, 폴리페놀이 몸속에 유해물질이 쌓이지 않도록 돕는다. 색이 선명하고 흰 가루가 균일하게 묻어 있는 것이 당도가 높다.

레몬

비타민 C가 풍부해 피부 미용에 도움을 주고, 면역력을 높여 감기를 예방한다. 구연산이 많아 피로 해소에도 효과가 있다. 과육뿐 아니라 껍질까지 쓸 수 있고, 밋밋한 요리에 상큼한 향과 맛을 더한다.

바질

이탈리아 요리에 많이 쓰는 바질은 생으로도 쓰고, 페스토를 만들기도 하며, 말려서 가루 내어 쓰기도 한다. 향긋하고 달콤한 향이 나고 조금 매운맛도 있어 올리브오일, 토마토, 채소 요리와 궁합이 잘 맞는다. 특히 비타민 K와 식이섬유가 풍부해 비만과 노화를 막고 소화 불량을 해소한다.

캐슈너트

비타민 K, 리놀레산이 풍부하고 셀레늄, 구리, 마그네슘 등의 미량영양소도 들어 있어 콜레스테롤을 줄이는 데 도움이 된다. 다른 너트류에 비해 지방 함량이 높아 식물성 버터나 크림을 만들 때 많이 사용한다.

두유

콩으로 만든 두유는 비건 요리에 우유나 크림 대신 많이 쓰는 재료다. 하지만 모든 두유가 비건은 아니다. 식품첨가물 중 비타민 D는 동물성 첨가물이다. 첨가물을 넣지 않거나 비동물성 첨가물을 사용한 두유를 선택해야 한다.

코코넛 밀크

코코넛 열매의 하얀 과육을 끓는 물에 우려낸 것을 말한다. 좋은 코코넛 밀크는 실크처럼 매끄러우며 깊은 향기가 난다. 미네랄이 풍부하고, 특히 몸에 좋은 지방이 많아 비건 요리에 사용하면 맛과 풍미를 높일 뿐 아니라 영양 면에서도 좋다. 수프, 커리, 스튜 등에 사용한다.

올리브오일

질 좋은 올리브오일만 있어도 맛있는 요리가 완성된다고 많은 셰프들이 입을 모아 말한다. 올리브나무 열매를 압착해 만든 올리브오일은 맛과 향이 담백하다. 불포화지방산이 풍부해 콜레스테롤 수치를 낮추고 비타민이 풍부해 건강에 좋다. 엑스트라 버진 올리브오일은 발연점이 낮아 고온에서 조리하는 요리보다 샐러드드레싱이나 가벼운 요리에 적합하다.

코코넛 오일

코코넛 과육에서 추출한 기름으로 저온에서는 고체이고 26℃ 이상이 되면 액체로 변한다. 코코넛오일은 몸속에 쌓이지 않고 연소되는 포화지방산으로 이뤄져 있어 콜레스테롤에 영향을 주지 않는다.

천일염

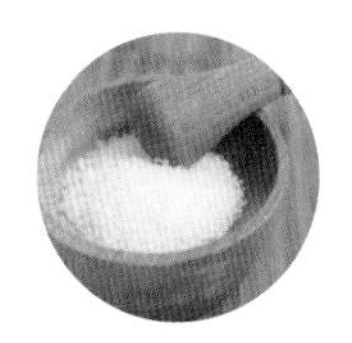

바닷물을 햇볕과 바람에 자연 건조해 얻는 것이 천일염이다. 염화나트륨 농도가 88% 정도로 정제소금보다 덜 짜고 미네랄이 풍부하다. 갯벌에서 나는 토판염이나 죽염, 누룩소금 등 맛있는 소금만 있어도 요리의 맛이 달라진다.

후추

부족한 간과 향미를 더하기 위해 소금과 붙어 다닌다. 후추나무의 열매를 말린 것으로 매콤한 향이 잡냄새를 없애고 식욕을 돋운다. 향이 쉽게 사라지기 때문에 통후추를 준비해 그때그때 갈아 넣으면 더 좋다.

파프리카 파우더

생 파프리카는 단맛이 많이 나지만, 파프리카 파우더는 매콤한 맛이 나 고춧가루 대신 사용한다. 구운 채소에 살짝 뿌리거나 양념장과 드레싱에 넣으면 매콤한 풍미가 더해져 음식 맛이 풍성해진다.

비건을 위해 태어난 대체식품

대체육

콩에서 추출한 단백질과 곡물가루, 다양한 향신료로 고기의 맛과 질감을 구현한 식물성 고기다. 비트로 먹음직스러운 붉은빛을 내고, 코코넛 오일로 촉촉한 육즙을 재현했다. 버거용 패티, 구이용 슬라이스, 다짐육 등 종류가 다양하며, 고기와 비슷한 맛이 난다. 다른 재료들과 잘 어우러져 비건 요리에 많이 쓴다.

비건 새우, 비건 어묵

비건 새우, 비건 어묵 등 다양한 비건 해산물이 시중에 나와 있다. 주재료는 업체마다 조금씩 다르다. 새우는 주로 곤약이나 콩으로 만들고, 어묵은 타피오카 녹말에 당근, 깻잎, 피망 등의 채소를 넣어 만든다. 모양이 비슷하고 향과 질감이 좋아 다양한 요리에 쓴다.

비건 치즈

코코넛 오일이나 밀 녹말을 발효시켜 만든 식물성 치즈로 모차렐라치즈, 슬라이스 치즈, 파르메산 치즈 등 종류가 다양하다. 피자, 샐러드, 파스타, 수프 등 여러 비건 요리에 쓰여 맛과 풍미를 높인다. 두유나 두부 등으로 집에서 직접 비건 치즈를 만들 수도 있다.

비건 버터

두유, 카카오버터, 코코넛 오일 등을 섞어 만든 식물성 버터다. 코코넛 오일을 넣어 만들면 달콤한 향이 강하고 캐슈너트로 만들면 고소한 맛이 더 난다. 레몬, 허브, 고추냉이나 견과류 등 부재료를 넣어 나만의 특색 있는 비건 버터를 만들어도 좋다.

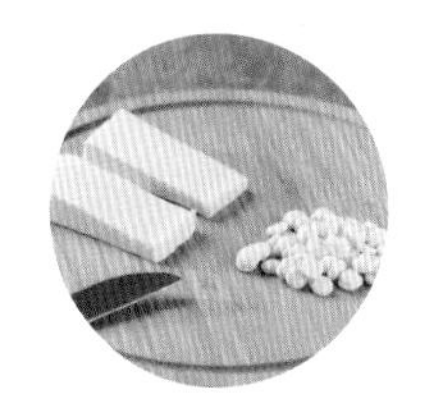

비건 마요네즈

마요네즈에 들어가는 달걀을 넣지 않고 두유나 캐슈너트 등의 식물성 지방을 사용해 만든 것이 비건 마요네즈다. 시판 제품도 많고, 비건 마요네즈 레시피가 소개되어 있어 집에서도 쉽게 만들 수 있다.

채식 조미료

비건을 위한 조미료로 시중에서 살 수 있다. 표고버섯 가루와 무, 당근 등의 채소 추출물에 소금을 배합해 만든 것이 많다. 맛내기 효과가 확실해 국이나 찌개에 조금 넣는 것만으로도 음식 맛이 살아난다.

채수

고기나 해물 육수를 사용하지 못하는 비건 요리에 깊은 맛을 더해주는 것이 바로 채수다. 자투리 채소를 모아 국물을 우려두면 수프나 찌개 등 국물 요리를 만들 때 감칠맛을 낼 수 있다. 한 번에 넉넉히 끓여 한 김 식힌 뒤 냉동 보관하면 꽤 오래 두고 먹을 수 있다.

비건 빵

빵에 기본으로 들어가는 우유, 버터, 달걀을 넣지 않고 식물성 기름을 사용해 만든다. 담백하고 칼로리가 적어 비건이 아닌 사람들도 많이 찾는다.

5

더 맛있게 즐기는
비건 조리법

채소는 구우면 더 맛있다

버섯, 가지, 호박, 양파, 마늘 등의 채소를 불에 구우면 스테이크 못지않은 매력이 있다. 그윽한 불맛이 더해져 생 채소에서는 느끼지 못하는 중후한 맛이 난다. 파인애플, 바나나 등의 과일도 구워 먹으면 맛있다.

두부, 콩으로 단백질을, 견과류로 지방을 보충한다

신선한 채소와 과일을 주로 사용하는 비건식은 비타민과 미네랄이 풍부하지만 단백질과 지방이 부족해 영양 불균형이 올 수 있다. 식물성 단백질이 풍부한 두부나 콩, 버섯 등을 더하고, 견과류와 씨앗류를 곁들여 지방을 보충한다. 영양 균형을 이루고 포만감도 줄 수 있다.

향신료로 풍미를 더한다

처음 비건식을 시작하는 사람에겐 비건 요리가 다소 밋밋하게 느껴질 수 있다. 향신료를 이용해 풍미를 더하면 좋다. 바질, 레몬, 후추 등 많이 쓰는 기본 향신료 외에도 이국적인 향의 쿠민이나 파프리카 파우더 등 다양한 향신료를 활용한다.

같은 재료도 다양하게 요리한다

같은 재료도 조리법에 따라 맛이 다르다. 생으로 먹으면 신선함이 살아있고, 찌거나 끓이면 부드럽고 담백하다. 불에 구우면 불맛이 입혀지고, 기름에 볶으면 고소하고 달콤하다. 다양한 조리법으로 요리하면 지루하지 않게 즐길 수 있다.

맛과 영양을 살리는 조리법을 알아둔다

조리법에 따라 재료의 맛과 영양소의 흡수율이 달라진다. 당근이나 가지는 기름과 함께 조리해야 영양 흡수가 잘 되고, 마늘은 굽기보다 삶아 먹는 게 더 달고 부드럽다. 재료의 특성을 알아두면 더 맛있고 건강하게 먹을 수 있다.

양념을 채식으로 준비한다

비건식은 주재료뿐 아니라 양념도 신경 써야 한다. 김치를 담글 때 젓갈 대신 과일을 발효시켜 넣고, 국물 요리를 할 때 멸치 대신 표고버섯으로 국물을 우리는 등 과일과 채소를 이용하면 비슷한 맛을 낼 수 있다.

조리도구와 그릇을 따로 사용한다

가족 중 혼자만 비건일 경우 조리도구와 그릇을 함께 쓰는 경우가 많다. 비건을 완벽하게 실천하고 싶다면 조리도구와 그릇이 섞이지 않도록 따로 마련해 사용한다.

알아두면 유용한
비건 전문 사이트

채식주의자의 장보기
비건스페이스
www.veganspace.co.kr

이태원의 오프라인 비건 전문 식료품점과 함께 운영되고 있는 온라인 쇼핑몰. 비건 요구르트와 치즈, 인도네시아 메주라 불리는 템페 등 시중에서 보기 어려운 식품들을 구할 수 있다. 샴푸, 대나무 칫솔, 크루얼티프리(cruelty-free) 치약 같은 비건 뷰티 제품도 있다.

유기농 비건 쇼핑몰
러빙헛
www.lovinghut.co.kr

러빙헛 코리아에서 '유기농 비건'이라는 모토로 운영하고 있으며, 판매하는 모든 제품은 유기농 비건 또는 비건 제품이다. 콩까스, 콩햄, 콩단백, 밀단백 등 고기 대용 가공식품과 채식 라면, 유기농 허브차, 무알코올 맥주 등을 취급하며, 직접 제조한 노블패티, 노블콩까스, 노블탕수 등도 판매한다.

국내 최초 비건 식품 제조기업
베지푸드
www.vegefood.co.kr

1998년부터 콩고기와 밀고기를 만들어온 우리나라의 대표 비건 식품 제조기업 베지푸드의 온라인 쇼핑몰. 비건 추어탕, 비건 크리스피 너겟, 비건 햄 등 미처 알지 못했던 비건 제품들을 많이 만날 수 있다. 대체육으로 만드는 다양한 요리 레시피도 소개한다.

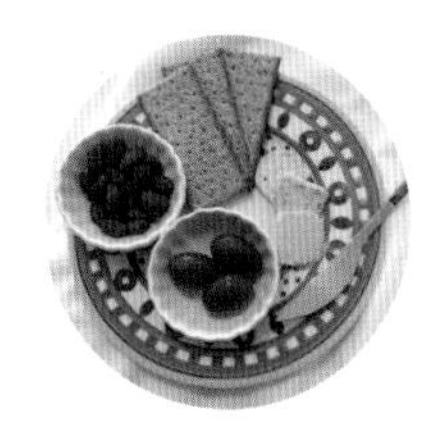

비건을 위한 플랫폼

채식한끼

채식
한끼

온라인 비건 종합 플랫폼. 채식 식당 정보뿐만 아니라 채식 제품, 레시피, 건강 정보, 커뮤니티 등 채식과 관련된 모든 정보를 제공한다. 채식 반찬을 매주 한 번 정기 배송하는 비건 가정식 배송 서비스를 통해 채식에 대한 장벽을 낮추고 있다. 플레이 스토어에서 채식한끼 앱을 설치할 수 있다.

지역별 비건 전문점을 소개하는

비건로드

지역별로 비건 레스토랑, 비건 카페, 비건 베이커리 등 비건식을 만날 수 있는 곳을 소개한다. 지도와 주소, 전화번호와 특징까지 자세히 나와 있어 찾아보기 쉽다. SNS에서 사진과 정보도 꼼꼼히 확인할 수 있다. 플레이 스토어에서 비건로드 앱을 설치할 수 있다.

채식 세계를 꿈꾸는 사람들의 모임

채식공감

cafe.naver.com/veggieclub

약 7천 명의 회원을 보유한 채식인들의 온라인 동호회. 채식과 더불어 사는 삶을 꿈꾸는 사람들의 모임이다. 채식 레스토랑 정보와 다양한 채식 레시피, 채식 서적, 동물 입양과 귀농 등 비건들의 관심 정보들이 담겨 있다. 오프라인 모임도 진행한다.

서울시 서대문구 연희로26가길 15 장영빌딩 2층

010-9590-3099

blog.naver.com/koreadra

쿵파오 두부 덮밥 1만1천 원, 라구 파스타 1만3천 원,
비건키친 너트 누들 1만 원, 멕시칸 칠리 버거 1만2천 원

비건 요리를 맛보고
배울 수 있는 곳

비건키친

Vegan kitchen

'모두를 위한 비건'이라는 슬로건답게 비건은 물론 논비건의 입맛까지 사로잡는 100% 비건 퓨전 레스토랑이다. 사천식 두부튀김 덮밥인 쿵파오 두부 덮밥, 콩과 채소를 넣고 끓인 칙피 카레, 콩고기로 만든 타코와 버거 등 메뉴가 다양하며, 시즌마다 독특한 신메뉴를 개발해 소개하기도 한다. 직접 개발한 이탈리안 시즈닝과 라구 소스는 온라인 판매 문의가 끊이지 않을 정도로 인기 만점이다.

누구에게나 맛있는 비건 레시피를 개발하다

비건키친은 2019년 3월 이태원에서 시작했다. 이곳은 약 6개월간 팝업 스토어 형식으로 운영되었는데, 비건 요리책 〈비건 테이블〉의 저자이자 로비건채식요리학원을 운영하는 소나영 씨가 다년간 채식 요리를 교육하며 만든 레시피들을 테스트해보는 실험적인 공간이었다. 팝업 스토어가 많은 이들에게 큰 사랑을 받았고 정식 레스토랑을 오픈해달라는 성원에 힘입어 동생 소을석 씨와 최대은 셰프가 의기투합해 연희동에 '비건키친' 간판을 달았다.

비건키친은 자연의 느낌을 살리기 위해 지나친 장식, 고급 소품과 가구를 배제하고 최대한 단순하고 깔끔하게 꾸몄다. 특히 식물로 공기 정화와 심리적 안정 효과를 얻는 플랜테리어로 이끼 벽장식을 설치했다. 이끼는 공기 정화도 되고 풀 내음이 퍼져 마치 테라스에 있는 기분을 느끼게 한다.

인테리어뿐 아니라 그릇들도 친환경 제품으로 준비했다. 포장도 플라스틱이 아닌 유리병에 담아주고, 부득이한 비닐 포장은 생분해 비닐을 쓰거나 한 번 사용한 에어 캡을 재사용하는 등 환경 친화적인 공간으로 만들기 위해 노력했다.

비건키친은 속 편한 한 끼 식사를 원하는 주변 직장인들이 자주 찾을 뿐 아니라, 비건식에 관심 많은

1 _ 싱그러운 플랜테리어가 돋보이는 비건키친의 연희동 매장.

2 _ 통창으로는 따뜻한 햇살이 쏟아져 들어온다. 맛있는 음식과 힐링을 함께 누릴 수 있는 공간이다.

젊은이들이 멀리서도 찾아온다. 특히 라구 소스는 반응이 좋아 온라인으로 판매 이벤트도 펼쳤다.

비건키친은 새로운 도약을 시도하고 있다. 연희동 매장은 영업을 중단하고, 강화도 조양방직 미술관 근처 650평 정도의 넓은 땅에 '비건키친' 상호로 한옥 레스토랑과 베이커리 카페를 준비 중이다. 음료와 비건 빵을 전문으로 하는 베이커리 카페는 기존의 건물을 그대로 활용하면서 빈티지한 느낌을 더해 인더스트리얼 인테리어로 꾸밀 예정이다. 레스토랑은 별도 건물로 옛 한옥의 느낌을 살리면서 정갈하고 고풍스럽게 꾸민다고 한다. 특히 텃밭을 갖춰 직접 재배한 싱싱한 채소로 만든 요리를 선보일 계획이다. 2021년 11월 오픈 예정으로 비건 음식과 음료를 즐길 수 있는 복합 문화 공간이 되기를 기대하고 있다.

---

3 _ 비건키친의 인기 메뉴인 스파이시 누들. 맛있고 속이 편해 누구나 좋아한다.

4 _ 최대은 셰프와 소을석 대표는 더 나은 모습을 보이기 위해 항상 새로운 메뉴를 연구한다.

Interview

비건키친
소을석 대표
최대은 셰프

"외식과 집밥, 다양한 비건을 즐길 수 있도록 노력합니다"

소을석 대표

예전에는 연령대가 높은 분들이 건강을 위해 채식을 했다면, 요즘은 20대부터 중년까지 채식을 하는 분들의 연령대와 성별이 다양해졌어요. 환경과 동물권을 위해 비건이 된 분들도 많죠.

비건들이 가장 힘들게 생각하는 건 외식이에요. 일반 식당에는 비건 메뉴가 없어서 전문 식당을 찾아가야 하니까요. 외국은 대부분의 레스토랑에 채식이나 비건 선택 메뉴가 있는데 우리나라는 아직 부족해요. 비건 인구가 늘어나는 만큼 조만간 채식과 비건을 선택할 수 있는 식당이 많아지리라고 기대합니다.

집에서 먹는 비건식의 확장도 중요해요. 외식이 어렵다 보니 많

왼쪽부터 소을석 대표, 최대은 셰프

은 분들이 집밥을 해 먹게 된다고 하더라고요. 그래서 요즘은 대체육, 비건 치즈 등 비건 식품들이 나와요. 저희도 비건 밀키트나 소스 등을 만들어 판매하고 있습니다.
비건키친 유튜브도 개설했어요. 국내 유일의 채식 전문학원인 로비건채식요리학원의 레시피도 소개하고 시판하는 비건 제품 리뷰와 요리의 기본이 되는 레시피 등 다양한 영상 콘텐츠를 제작해 소개하고 있습니다.

최대은 셰프

중국에서 중의학을 전공하면서 건강한 식생활에 관심이 많았어요. 건강과 환경을 생각한 채식이나 비건에 대해서도 고민하고 있었고요. 채식 전문학원을 오랫동안 운영하신 소나영 원장님의 채식 레시피를 보면서 비건식이 이렇게 맛있을 수 있구나 하고 놀랐어요. 소나영 원장님의 오랜 노하우를 소을석 대표와 함께 연구하고 비건키친다운 레시피로 발전시켜 지금의 메뉴들이 탄생했답니다. 100% 비건식이되 대중적인 메뉴를 만들기 위해 고심한 결과물이죠.

고기나 해산물, 우유나 치즈 등 풍미를 내는 재료들을 비건 요리에는 쓸 수 없잖아요. 그래서 제철 채소에 허브나 천연 향신료를 사용해 맛과 향을 풍부하게 하는 레시피를 만들었어요. 두부, 버섯, 콩 등 자주 쓰는 재료는 다양한 질감과 맛을 낼 수 있도록 여러 가지 조리법을 사용하고요. 일반식의 거의 모든 메뉴를 비건식으로 만들어 먹을 수 있다고 생각하고 연구, 개발합니다. 앞으로 비건은 물론 비건이 아니어도 누구나 먹어보고 싶은 비건식을 많이 선보일 수 있을 것 같아 많이 기대됩니다.

콩고기와 다양한 채소를 먹기 좋게 잘라 새콤달콤한 토마토소스에 버무린 찹스테이크. 맛과 영양이 풍성해 다른 반찬 없이도 한 그릇 식사가 가능하다.

recipe 1

비건 찹스테이크

Ingredient _ 1인분

콩고기 패티 1개
당근 1/4개
연근 3~4조각
양파 1/2개
브로콜리 1/4개
노랑 · 빨강 파프리카 1/4개씩
새송이버섯 1/2개
식용유 적당량

소스

토마토케첩 3큰술
토마토퓌레 2큰술
간장 1큰술
설탕 1큰술
후춧가루 조금
바질 조금

How to cook

1 콩고기를 한입 크기로 썬다.

2 양파, 브로콜리, 파프리카, 새송이버섯은 먹기 좋게 깍둑썰기 하고, 당근과 연근은 얇게 썬다.

3 팬에 식용유를 두르고 콩고기를 볶아 따로 담아둔다.

4 버섯과 채소들을 팬에 볶는다.

5 소스 재료를 모두 섞는다.

6 채소가 적당히 익으면 볶은 콩고기와 소스를 넣어 고루 섞듯이 볶는다. 물을 2큰술 정도 넣으면 촉촉하게 볶을 수 있다.

2

6

Tip

레시피의 소스는 토마토의 새콤달콤함이 강조된 맛이다. 매콤한 맛을 좋아한다면 고추장을 추가해도 좋다.

채소로 국수를 뽑아 만든 요리로, 칼로리는 적지만 포만감이 큰 실곤약을 함께 넣어 든든하다. 채소를 많이 먹을 수 있어 식이섬유 보충에 좋다.

recipe 2

스파이시 누들

Ingredient _ 1인분

실곤약 100g
오이 1/2개
당근 1/4개
샐러드용 채소 1줌
방울토마토 2개
삶은 병아리콩 3큰술

소스

고추장 2½큰술
아가베 시럽 2큰술
레몬즙 1큰술
참기름 조금

How to cook

1 오이와 당근은 깨끗하게 씻어 스파이럴 슬라이서로 국수를 뽑는다. 방울토마토는 반 자른다.

2 소스 재료를 모두 섞는다.

3 끓는 물에 식초를 2방울 정도 넣고 실곤약을 데치듯이 삶아서 찬물에 헹궈 건진다.

4 접시에 ①의 국수와 데친 실곤약을 담고 샐러드용 채소와 방울토마토를 올린 뒤 삶은 병아리콩을 뿌린다.

5 ④에 소스를 뿌린다.

Tip

스파이럴 슬라이서를 이용하면 오이, 당근, 애호박 등을 국수처럼 즐길 수 있다.

아가베 시럽을 넣어 달콤한 고추장 소스는 밥을 비벼 먹어도 맛있다.

불고기양념으로 만들어 익숙한 맛의 비건 불고기 버거. 비건 불고기는 덮밥으로 먹어도 맛있다. 한 번에 넉넉히 만들어두면 좋다.

비건 BBQ 버거

Ingredient _ 1인분

비건 버거빵 1개
콩고기 슬라이스 200g
느타리버섯 100g
양파 1/2개
상추 3~4장
토마토케첩 적당량
비건 마요네즈 적당량

불고기양념

다진 마늘 1큰술
간장 3큰술
아가베 시럽 3큰술
맛술 1큰술
후춧가루 조금
물 50mL

How to cook

1 느타리버섯은 밑동을 잘라내고 가닥을 나눈다. 양파는 굵게 채 썬다.

2 팬에 기름을 두르고 버섯과 양파를 볶는다.

3 불고기양념 재료를 모두 섞는다.

4 콩고기에 불고기양념을 넣어 양념한 뒤 팬에 넣고 조리듯이 볶는다.

5 버거빵 안쪽 면에 비건 마요네즈를 바른다.

6 버거빵에 상추 2장을 올리고 비건 불고기와 볶은 채소를 올린다.

7 토마토케첩과 비건 마요네즈를 뿌리고 빵을 덮는다.

Tip

불고기 버거에 사용하는 콩고기 슬라이스. 시중에서 판매하는 콩고기의 종류가 다양하니 직접 먹어보고 입맛에 맞는 것을 골라 쓴다.

버터와 우유를 넣지 않고 100% 식물성 재료만으로 만든 비건 빵을 사용한다.

페스토는 잣, 호두 등의 견과류와 바질 등의 허브, 올리브오일을 함께 갈아 만든 소스다. 미나리로 페스토를 만들면 향이 좋고 풍미 있는 페스토가 완성된다.

recipe 4

미나리 페스토 파스타

Ingredient _ 1인분

스파게티 100g
올리브오일 조금

미나리 페스토
미나리 1줌
호두 1/2컵
마늘 2쪽
올리브오일 1/2컵
소금 1작은술

How to cook

1 미나리 페스토 재료를 푸드 프로세서에 넣어 곱게 간다.
2 끓는 물에 소금을 조금 넣고 스파게티를 11분 정도 삶는다.
3 팬에 올리브 오일을 두르고 삶은 스파게티를 살짝 볶는다.
4 ③에 ①의 미나리 페스토 5큰술을 넣어 볶는다.

Tip

미나리 외에 시금치, 참나물 등 제철 채소로 페스토를 만들어도 맛과 향이 좋다.

파스타에 페스토를 넣고 볶을 때 너무 오래 볶으면 견과류의 씁쓸한 맛이 난다. 소스가 잘 섞이는 정도로 살짝만 볶는 게 좋다.

감칠맛 나는 소스와 고소한 메밀국수가 어우러진 냉모밀을 비건식으로 만들었다. 비건 쯔유 만드는 법을 기억해두면 두루 활용할 수 있다.

recipe 5

냉모밀

Ingredient _ 1인분

메밀국수 100g
무 50g
고추냉이 조금
김가루 적당량
물 적당량

비건 쯔유

대파 1/2대
양파 1개
표고버섯 3개
다시마 5×5cm 6장
간장 300mL
맛술 100mL
설탕 200g
물 700mL

How to cook

1 대파와 양파를 직화로 굽는다.
* 직화로 구우면 불맛이 나서 쯔유에 감칠맛이 생긴다.

2 냄비에 비건 쯔유 재료를 모두 넣어 끓인다. 팔팔 끓으면 불을 약하게 줄여 반 정도로 줄어들 때까지 뭉근히 졸인다.

3 ②를 체에 밭쳐 거른 뒤 국물만 차게 식힌다.

4 무는 강판에 간다.

5 끓는 물에 메밀국수를 삶아서 찬물에 헹궈 물기를 뺀다.

6 삶은 메밀국수를 그릇에 담고 간 무와 고추냉이, 김가루를 올린다.

7 ③의 쯔유에 물을 1:2 정도로 섞어 메밀국수에 붓는다.

Tip

표고버섯과 다시마로 맛을 낸 비건 쯔유는 뜨겁게 끓여 우동을 만들어 먹어도 맛있다.

쯔유에 실곤약을 넣어 먹으면 칼로리가 적은 다이어트식이 된다.

서울시 중구 을지로20길 16 3층

02-2275-3757

www.instagram.com/veryfront_seoul

나물 듬뿍 파스타 1만3천 원, 바질 크림 리소토 1만7천 원, 북어 알리오 올리오 1만2천 원, 뇨키 1만8천 원

찾아가는 을지로의
핫 플레이스

지금 여기가 맨 앞

Veryfront

을지로 3가와 충무로 사이에 있는 '지금 여기가 맨 앞'은 비건과 논비건이 함께 식사할 수 있는 이탈리안 가정식 레스토랑이다. 파스타와 리소토, 뇨키, 감바스 등 메인 요리 외에 다양한 사이드 메뉴와 와인이 준비되어 있다. 자극적인 맛을 배제하고 제철 채소의 맛을 최대한 살려 마치 엄마가 만든 집밥 같은 건강함이 느껴진다. 와인 코르키지 서비스가 가능해 특별한 날 모임을 갖기에도 안성맞춤이다.

몸에 좋은 집밥 같은 이탈리안 가정식

허름한 건물 사이로 난 비좁은 골목에 들어서자 모던한 갤러리, 아기자기한 카페, 고급 레스토랑이 나타난다. 간판은 50년 이상 된 인쇄소라고 쓰여 있지만, 실내는 멋진 와인 바로 꾸며져 있다. 요즘 젊은이들의 최고 핫 플레이스, 일명 '힙지로'라 불리는 을지로의 풍경이다.

힙지로 골목 입구의 낡은 3층 건물, 간판도 없지만 올라가 보면 마치 비밀의 방처럼 작은 공간이 나온다. 편안한 분위기에서 이탈리안 가정식을 즐길 수 있는 레스토랑, 바로 지금 여기가 맨 앞 레스토랑이다. 이문재 시인의 '지금 여기가 맨 앞'이라는 시 제목을 따서 지었다.

이름답게 이 공간은 시를 닮았다. 단순하고 깔끔하면서도 편안함이 느껴진다. 김요한 대표는 사무실이었던 자리를 인수해 레스토랑으로 꾸미면서 인테리어를 최소화했다. 천장 콘크리트 마감은 그대로 살리고 벽만 깨끗하게 회벽으로 칠했다. 이곳의 시그니

1

2

처인 길고 커다란 테이블은 제작하다 만 테이블을 재활용해 공간에 맞춰 다시 만든 것이다. 가장 고심한 것은 주방이다. 개방형으로 널찍하게 만들어 손님들에게 신뢰감을 주도록 했다.

재료 본연의 맛을 살리는 이탈리안 요리를 추구하던 김요한 대표가 비건 메뉴를 만드는 것은 그리 어려운 일이 아니었다. 처음에는 오늘의 파스타 메뉴에 비건식인 나물 파스타를 넣어보는 것으로 시작했다. 채수를 만들면서 채소의 맛을 연구하게 되었다고 한다. 우유 대신 두유로 크림소스와 리코타 치즈를 만드니 담백한 비건 요리가 가능해졌다. 비건 요리를 만들다보니 일반식도 좀 더 건강하게 먹는 법을 연구하게 되었다고 한다.

요즘은 비건 메뉴를 찾는 이들이 많아져 메뉴를 조금씩 늘리고 있다. 한식 메뉴와 이탈리안 메뉴를 조합하는 방법도 연구 중이다. 나물을 파스타와 결합한 것처럼 흔히 한식으로 먹는 재료들을 올리브오일과 페스토, 두유 소스 등을 이용해 이탈리안식으로 만들어 소개할 예정이다.

---

1 _ 레스토랑 한편에 있는 스피커와 피아노. 브레이크 타임에 김요한 대표가 휴식을 취하는 공간이다.
2 _ 지금 여기가 맨 앞은 제철 채소로 몸에 좋고 맛있는 이탈리안 가정식을 만든다.
3 _ 선명한 청록색의 포인트 벽이 눈길을 끄는 공간.
4 _ 노출 콘크리트와 화이트 벽 등으로 심플하고 정갈하게 꾸민 지금 여기가 맨 앞.

Interview

지금 여기가 맨 앞

김요한 대표

"자연을 따르는, 몸에 좋고 맛있는 요리를 추구합니다"

대학에서 작곡을 전공했는데, 요리와 작곡은 묘하게 닮은 부분이 있어요. 여러 가지 악기를 조화롭게 편곡하는 것처럼 다양한 재료로 편곡하듯 요리하는 게 참 좋았죠.

어머니가 호텔 셰프셔서 어릴 때부터 호텔과 뷔페에서 아르바이트를 많이 했고 요리에 관심이 많았어요. 10년 전쯤 정식으로 요리사가 되어야겠다고 결심한 뒤 일식, 한식 등 여러 요리를 섭렵하다가 이탈리안 요리가 가장 잘 맞고 좋아서 이탈리안식을 주로 하는 레스토랑을 열게 되었어요. 저의 첫 레스토랑이 바로 지금 여기가 맨 앞입니다.

오래 전부터 채소 요리와 건강식에 관심이 많았고 비건식도 염두에

두고는 있었어요. 친한 친구들이나 가족 중에 비건이 많았거든요. 그래서 비건들이 식당을 선택하는 데 어려움이 있다는 걸 가까이에서 보고 느껴왔죠. 비건과 논비건이 함께 모여 식사할 수 있는 식당이 지금보다 더 많이 필요하다고 생각했고, 나름의 준비 끝에 비건 메뉴를 마련하게 되었어요.

사람들이 비건식을 찾고, 비건을 지향하고, 비건이 되는 것은 자연스러운 일이라고 생각합니다. 이미 오래 전부터 동물권과 환경 문제를 실천하기 위해 목소리를 내는 이들이 많았으니까요. 환경과 건강 문제가 커지면서 비거니즘은 점점 더 많은 사람들의 공감을 얻고 있어요. 비건이 단순히 식생활만을 염두에 두는 것이 아니기에 비건식을 하는 건 생활이 변화하는 시작점이 될 수 있을 겁니다.

여러 가지 제철 채소를 오랜 시간 끓여 우린 채수를 베이스로 한 오일 파스타. 담백하고 향긋해 기분까지 좋아지는 파스타다.

recipe 1

제철 나물 파스타

Ingredient _ 1인분

스파게티 90g
참나물 30g
시금치 30g
루콜라 30g
가지 1/4개
빨강 · 노랑 파프리카 1/4개씩
블랙 올리브 5개
다진 양파 1큰술
채수 1국자
올리브오일 적당량
소금 조금
후춧가루 조금
다진 이탈리안 파슬리 조금

How to cook

1 참나물과 시금치, 루콜라는 손질해 먹기 좋게 썬다.

2 파프리카는 굵게 채 썰고, 올리브는 으깬다.

3 가지는 어슷하게 썰어 그릴에 살짝 굽는다.

4 끓는 물에 스파게티를 삶아 건진다. 면수는 1국자 따로 둔다.
 * 포장에 설명되어 있는 시간보다 1분 정도 덜 삶는 것이 좋다.

5 달군 팬에 올리브오일을 두르고 다진 양파를 볶다가 파프리카와 으깬 올리브를 넣고 소금, 후춧가루로 간한다.

6 ⑤에 ④의 면수와 채수 1국자를 넣고 참나물과 시금치를 넣어 데치듯이 볶는다.

7 ⑥에 삶은 스파게티를 넣어 볶는다.

8 국물이 거의 졸아들면 루콜라를 넣고 올리브오일을 한 바퀴 두른다.

9 접시에 파스타를 담고 구운 가지를 올린 뒤 이탈리안 파슬리를 뿌린다.

채수 만들기

Ingredient

다시마 5×5cm 8개, 마른 표고버섯 5g, 무 1/2개, 당근 1개, 셀러리 1대, 양파 1개, 물 5L

How to cook

1 냄비에 물을 담고 다시마를 넣어 중약불(60℃)에서 15분 정도 은근히 끓인다.
 * 불이 세거나 오래 끓이면 다시마에서 점성이 나와 채수 맛이 써진다.

2 다시마를 건지고 나머지 재료를 넣어 센 불에서 끓인다. 끓기 시작하면 중간 불로 줄여 2시간 정도 뭉근히 끓인다.

3 물이 반 정도로 줄면 체에 밭쳐 거른다.
 * 냉장고에 1주일 정도 보관할 수 있다. 얼음 틀에 얼려두면 꺼내 쓰기 좋다.

고소한 견과와 두유를 넣어 만든 바질 페스토는 파스타와 리소토 모두 잘 어울린다. 바질 페스토는 오래 끓이지 말고 마지막에 넣어 섞듯이 버무린다.

recipe 2

바질 페스토 리소토

Ingredient _ 1인분

밥 1공기
양송이버섯 5개
블랙 올리브 5개
다진 양파 1큰술
바질 페스토 3큰술
무설탕 두유 190mL
채수(p.47 참고) 1국자
올리브오일 적당량
소금 조금
후춧가루 조금
다진 이탈리안 파슬리 조금

How to cook

1 양송이버섯과 올리브는 잘게 다진다.

2 팬에 올리브오일을 두르고 다진 양파를 볶는다.

3 양파가 살짝 익으면 버섯과 올리브를 넣고 소금과 후춧가루로 간을 한다.

4 ③에 채수와 두유, 밥을 넣고 소금으로 한 번 더 간한 뒤 중약불로 조린다.

5 국물이 거의 졸아들면 바질 페스토를 넣어 버무린다.

6 그릇에 리소토를 담고 이탈리안 파슬리를 뿌린다.

바질 페스토 만들기

Ingredient

바질 100g, 이탈리안 파슬리 20g, 잣 60g, 마늘 2쪽, 레몬즙 1개분, 뉴트리셔널 이스트 40g, 소금 1/2큰술, 후춧가루 조금, 엑스트라 버진 올리브오일 200g

* 뉴트리셔널 이스트는 비건 요리에 치즈 대신 쓰는 효모이다.

How to cook

1 바질과 이탈리안 파슬리는 잎만 떼서 깨끗이 씻어 물기를 뺀다.

2 모든 재료를 블렌더에 넣어 간다.

3 ②를 밀폐용기에 담아 냉장고에서 하루 정도 숙성시킨다.

두유로도 리코타 치즈를 만들 수 있다. 한번 만들어두면 샐러드에 넣어도 좋고 빵에 발라 먹어도 맛있다. 두유도 비건 두유가 따로 있으니 꼭 확인한다.

recipe 3

비건 리코타 치즈 샐러드

*Ingredient*_1인분

방울양배추 4개
가지 1/2개
파프리카 1/4개
느타리버섯 50g
샐러드용 채소 100g
방울토마토 5개
블랙 올리브 5개
발사믹 크림 적당량
올리브오일 적당량
소금 조금
후춧가루 조금

* 샐러드용 채소는 로메인, 케일, 라디치오, 루콜라 등을 준비한다. 냉장고 속 자투리 채소를 사용해도 된다.

리코타 치즈

무설탕 두유 950mL
레몬 1개
꿀 1큰술
소금 조금

How to cook

1 두유를 타지 않게 중약불로 끓인다. 표면에 얇은 막이 생기면 레몬즙과 꿀, 소금을 넣고 잘 섞이도록 젓는다.

2 불을 끄고 뚜껑을 덮어 20분 정도 뜸을 들인다.

3 굳어서 덩어리가 지면 면 보자기에 걸러 물기를 뺀 뒤 블렌더로 간다.
* 리코타 치즈는 냉장고에 1주일 정도 보관할 수 있다.

4 방울토마토는 반 썰어 올리브오일을 살짝 뿌린 뒤 180℃로 예열한 오븐에 20분 정도 굽는다.
* 방울토마토를 구우면 맛이 훨씬 더 진해진다.

5 방울양배추는 반 자르고, 가지는 어슷하게 썬다. 파프리카는 굵게 채 썰고, 느타리버섯은 가닥을 나눈다. 샐러드용 채소는 먹기 좋게 자르고, 블랙 올리브는 저민다.

6 달군 팬에 올리브오일을 두르고 방울양배추, 가지, 느타리버섯, 파프리카 순으로 넣어 볶다가 소금, 후춧가루로 간해 한 김 식힌다.

7 샐러드용 채소를 그릇에 담고 볶은 채소와 구운 방울토마토, 블랙 올리브, 리코타 치즈를 올린다.

8 ⑦에 올리브오일과 발사믹 크림을 뿌린다.

Tip

리코타 치즈는 발사믹 소스와 잘 어울린다. 발사믹 소스가 없거나 좋아하지 않는다면 다른 드레싱을 뿌려도 된다.

밀가루와 버터, 치즈를 섞어 반죽해 만드는 뇨키는 이탈리아의 수제비라고 불린다. 감자와 두유로 몸에 좋고 고소한 뇨키를 만들 수 있다.

recipe 4

병아리콩 감자 뇨키

Ingredient _ 1인분

감자 4개(600g 정도)
밀가루 150g
삶은 병아리콩 2큰술
마늘종 2줄
타임 조금
두유 190mL
채수(p.47 참고) 1국자
올리브오일 적당량
소금 조금
후춧가루 조금

How to cook

1 끓는 물에 감자를 30분 정도 삶아 식혀 껍질을 벗기고 곱게 으깬다.

2 으깬 감자에 소금과 밀가루를 넣고 반죽한다. 길쭉하게 만들어 먹기 좋게 썬 뒤 동글게 빚는다.

* 반죽을 치대면 글루텐이 생겨 질감이 떨어질 수 있으니 조물조물 무치듯이 반죽한다.

3 끓는 물에 뇨키 반죽을 넣고 바닥에 가라앉지 않게 살살 저으면서 삶는다. 떠오르면 다 익은 것이다.

4 달군 팬에 올리브오일을 두르고 삶은 뇨키를 넣어 중약불에서 타지 않게 굽는다.

5 마늘종을 4cm 길이로 썬다.

6 ④에 두유와 채수를 넣고 소금과 후춧가루로 간을 한 뒤, 타임과 삶은 병아리콩, 마늘종을 넣고 중간 불에서 타지 않게 저어가며 끓인다.

7 걸쭉해지면 불을 끄고 올리브 오일을 넣어 잘 섞는다.

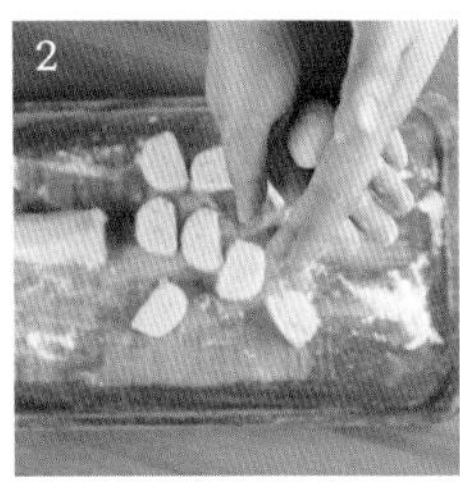

Tip

감자 뇨키에 병아리콩을 삶아 넣으면 고소한 맛을 더하고 단백질을 보충할 수 있다.

쿠스쿠스는 좁쌀처럼 생긴 파스타를 말한다. 토마토소스에 버무려 먹으면 상큼하고 고소하다. 익혀서 샐러드에 넣어 먹어도 좋다.

recipe 5

토마토소스 쿠스쿠스

Ingredient _ 1인분

쿠스쿠스 60g
미니 당근 1개
그린 빈 5개
빨강 · 노랑 파프리카 1/2개씩
루콜라 적당량
양송이버섯 4개
블랙 올리브 5개
파인애플 슬라이스 1개
냉동 완두콩 1큰술
통조림 옥수수 1큰술
다진 양파 1큰술
비건 토마토소스 50mL
올리브오일 적당량
소금 조금

How to cook

1 쿠스쿠스에 소금을 넣고 팔팔 끓인 물을 쿠스쿠스가 잠길 만큼만 붓는다. 뚜껑을 덮어 5분 정도 익힌다.

2 미니 당근은 3등분하고, 그린 빈과 파프리카도 비슷한 크기로 썬다. 양송이버섯은 다지고, 올리브는 으깬다. 파인애플은 먹기 좋게 썬다.

3 냉동 완두콩은 해동하고, 통조림 옥수수는 물기를 뺀다.

4 달군 팬에 올리브오일을 두르고 다진 양파와 양송이버섯, 올리브를 볶다가 당근, 그린 빈, 파프리카, 완두콩, 옥수수, 파인애플을 넣어 볶는다. 재료가 익어 갈색 빛이 돌면 불을 끈다.

5 ④를 볼에 담고 쿠스쿠스를 섞은 뒤, 루콜라를 먹기 좋게 잘라 넣고 올리브오일을 넣어 버무린다.

6 접시에 ⑤를 담고 토마토소스를 끼얹는다.

1

5

Tip

비건 토마토소스가 시중에 많이 나와 있다. 하나 정도 준비해두면 파스타, 리소토, 샐러드 등 다양한 요리에 쓸 수 있다.

비건 미식을 탐구하는
젊은 레스토랑

비건헤븐

Vegan heaven

둔촌동에 위치한 비건헤븐은 인스타그램에서 와일드 시스터즈라는 비건 커뮤니티를 운영해온 임진아 대표가 오픈한 비건 레스토랑이다. 대체육을 이용하는 비건 메뉴에서 벗어나 식물성 재료 고유의 맛을 끌어낸 비건 요리를 선보인다. 특히 음식과 어울리는 비건 와인이 준비되어 있어 특별한 비건 와인 페어링을 경험할 수 있다. 소규모 레스토랑이라 영업시간을 확인하고 예약한 뒤 가는 것이 좋다.

- 서울시 강동구 성안로 41
- 0507-1435-6543
- www.instagram.com/stayveganheaven
- 비트 카르파초 1만2천 원, 애호박 라자냐 1만4천 원, 두부 페타 치즈 플레이트 9천 원, 가지튀김 라타투이 1만5천 원

Vegan Heaven
Gourmet Butter
Greek Yogurt
Vegan Deli
Community
Workshop
@stayveganheaven

비건 와인과 잘 어울리는 새로운 비건 요리

5호선 둔촌동역에서 10분 정도 걸어가면 엔젤공방거리가 나온다. 강동구청의 청년지원사업 중 하나인 문화 거리로, 다양한 핸드메이드 제품을 만드는 아기자기한 매장들이 양쪽으로 늘어서 있다. 그곳에 간판도 없이 단순하게 꾸민 비건헤븐이 있다. 원래 비건 치즈나 버터 등을 만드는 공방이었는데, 소통의 창구가 될 수 있는 식당으로 업종을 바꿔 재오픈했다.

---

1 _ 중고 가구점과 지역 시장에서 구한 병풍, 앤티크한 거울, 심플한 테이블이 묘한 조화를 이루는 공간.
2 _ 아담하고 심플한 비건헤븐은 조용하게 혼술을 즐기고 싶어 하는 비건들에게 아지트 같은 곳이다.
3 _ 비건헤븐에서 직접 만든 버터를 곁들인 건강 플레이트.

처음 시작할 때 쓰레기를 만들지 않고, 새것을 사기보다 쓰던 것을 활용한다는 원칙을 세웠다. 그 원칙을 따라 중고 가구점과 지역 시장에서 주방기기, 테이블, 의자 등을 구입하고, 소품도 최대한 간단하게 준비했다. 좁은 주방과 손님 테이블을 분리하기 위해 테이블만 임진아 대표가 직접 디자인해 제작했다고 한다.

3

비건헤븐은 문을 연 지 얼마 되지 않은 뉴 플레이스지만 벌써 비건들 사이에선 입소문이 자자하다. 테이블 서너 개의 소규모 레스토랑이고 운영 시간과 날짜도 일정치 않으며 메뉴도 수시로 바뀌지만, 멀리서 찾아오는 손님들이 많다. 메뉴는 아란치니, 라타투이, 카르파초 등 이탈리아식을 기본으로 하면서 후무스, 가스파초 등 이국적인 요리도 선보인다. 특히 비건 와인과 잘 어울리는 안주를 여럿 개발했다.

비건식이 콩고기 같은 대체육 요리가 많은 데 비해, 비건헤븐의 음식은 채소 본연의 맛과 질감이 살아있다. 특히 비트 카르파초는 비트를 오랫동안 구우면 쫀득하고 달콤, 고소해지는 특성을 살린 히트 메뉴다. 병아리콩으로 만드는 후무스도 단호박이나 아보카도를 섞어 더 풍성한 맛을 냈다. 편안한 분위기에서 비건식과 비건 와인을 즐기고 싶은 이들에게 비건헤븐을 추천한다.

비건헤븐에서 추천하는 비건 와인

마티타 로소 | 이탈리아 스타트업 와이너리의 와인. 레드 와인이지만 가벼운 맛이 특징이다.

모라 앤 메모 | 상큼하고 청량한 맛의 화이트 와인. 옥수수 가스파초, 샐러드 등 가벼운 음식과 어울린다.

피도라 | 깔끔하고 심플한 맛의 이탈리아산 화이트 와인. 어떤 음식과 페어링해도 잘 어울린다.

왼쪽부터 마티타 로소, 모라 앤 메모, 피도라

Interview

비건헤븐

임진아 대표

“비건에 대해 같은 생각을 가진 사람들이 함께하는 공간으로 만들고 싶어요”

어릴 때부터 동물을 정말 좋아했어요. 그땐 비건이나 채식 같은 단어도 몰랐는데, 어느 순간 내 식탁에 오르는 고기가 그 동물이라는 것을 깨닫고 동물을 먹는다는 것이 이상하게 여겨졌어요. 그렇게 천천히, 자연스럽게 비건이 되었습니다.

환경에 대해 생각하게 된 건 대학교 때부터예요. 시각디자인을 전공했는데, 디자인을 하다 보면 불가피하게 쓰레기가 많이 나와요. 하루 동안 내가 버리는 쓰레기양에 민감해지게 되고 그러다보니 일

상생활이 미니멀해지더라고요. 식생활뿐 아니라 환경 보호까지 점점 비거니즘이 생활에 파고들었죠.

프랑스에서 1년 정도 유학을 하면서 다양한 비건식을 경험한 것도 큰 도움이 되었어요. 그 후로는 동물권에도 관심이 생겨 동물구조 단체에서 유기견 보호 등의 봉사활동을 하기도 했어요. 비거니즘을 많은 이들과 공유하고 싶어 관련 콘텐츠를 제작하고 인스타그램에 와일드 시스터즈라는 계정을 만들어 온라인 비건 커뮤니티 활동을 시작한 것도 그 즈음입니다.

제가 개발한 첫 비건 메뉴는 비건 버터예요. 고기는 원래 별로 좋아하지 않았지만 치즈나 버터 같은 유제품은 워낙 좋아해서 비건 버터를 만들기 시작했죠. 10년 전만 해도 비건 버터를 시중에서 구하는 게 쉽지 않았거든요. 그렇게 만든 비건 버터를 네이버 스마트스토어와 SNS에서 판매했고, 그걸 시작으로 프랑스 유학 시절에 만난 셰프님과 의기투합해 지금의 비건헤븐을 열었습니다.

비건헤븐은 단순한 레스토랑이 아닌 비건 살롱을 지향하고 있어요. 동물권과 관련된 책을 읽는 모임인 북클럽도 운영하고, 비건 쿠킹 클래스도 준비 중이에요. 비건 밀키트를 만드는 업체와 협업해 비건헤븐의 메뉴들을 판매할 계획도 가지고 있습니다. 궁극적으로는 비건 레스토랑과 함께 쿠킹 클래스, 비거니즘 워크숍을 열 수 있는 공간으로 운영할 거예요. 같은 생각을 가진 사람들이 연결되고 비거니즘을 확산시킬 수 있는 공간이 되기를 바랍니다.

비건헤븐의 비건 버터 3종

부드러운 풍미가 있는 캐슈너트와 식물성 지방, 유기농 코코넛 오일을 기본으로 해서 만든 비건 버터다. 고농축 트러플 오일과 타라곤 허브로 만든 트러플 타라곤 버터, 일본 된장인 미소에 김을 넣은 미소 노리 버터, 레몬 필의 상큼함과 고추냉이의 알싸함이 어우러진 레몬 와사비 버터가 인기다.

스토어 smartstore.naver.com/wildsisters

위부터 트러플 타라곤 버터, 미소 노리 버터, 레몬 와사비 버터

중동 전통 음식인 후무스는 어느새 비건식을 대표하는 요리가 되었다. 아삭한 채소와도 잘 어울리고 빵이나 크래커에 올려 먹어도 맛있다.

recicpe 1

단호박 후무스

*Ingredient*_1인분

병아리콩 150g
단호박 150g
타히니 소스 130mL
레몬즙 100mL
올리브오일 150mL
파프리카 파우더 조금
다진 파슬리 조금
소금 조금
통후추 조금

*타히니 소스 대신 참깨와 올리브오일을 1:1로 곱게 갈아 써도 된다.

How to cook

1 병아리콩은 푹 삶는다.
2 단호박은 깨끗이 씻어 잘 삶는다.
3 병아리콩과 단호박을 믹서에 넣고 레몬즙, 올리브오일을 넣어 간다. 너무 퍽퍽하면 병아리콩 삶은 물을 조금 넣어 농도를 맞춘다.
4 ③에 타히니 소스를 넣어 섞은 뒤, 소금으로 간을 맞추고 통후추를 갈아 넣는다.
5 ④의 후무스를 그릇에 담고 파프리카 파우더와 다진 파슬리를 뿌린다.

Tip

후무스는 텁텁한 질감을 살리는 것이 포인트다. 단호박을 넣으면 조금 부드러워지면서 달콤한 맛이 난다.

후무스를 곡물 스낵이나 곡물 빵과 함께 먹으면 담백하고 든든한 한 끼 식사가 된다.

비트를 오븐에서 오래 구우면 더 맛있어져 카르파초를 비트로 재현했다. 비트와 채소, 소스의 상큼한 맛이 어우러져 와인 안주로 제격이다.

recicpe 2

비트 카르파초

Ingredient _ 1인분

비트 1개
오렌지 1개
구운 피스타치오 4개
처빌 잎 조금
오렌지 제스트 조금

타르타르소스

양파 50g
코니숑(미니 오이) 피클 30g
케이퍼 30g
비건 마요네즈 200g
설탕 1작은술

드레싱

화이트 발사믹 식초 24g
설탕 8g
머스터드소스 5g
올리브오일 40mL
소금 조금
후춧가루 조금

How to cook

1 비트는 180℃로 예열한 오븐에 1시간 30분 이상 굽는다. 속까지 완전히 익혀 차게 식힌다.

2 양파와 코니숑 피클, 케이퍼는 잘게 다져 비건 마요네즈와 설탕을 섞는다.

3 오렌지는 속껍질까지 깨끗이 벗겨 속살만 준비한다.

4 구운 피스타치오는 칼이나 가위로 작게 자른다.

5 드레싱 재료를 모두 섞는다.

6 구운 비트를 얇게 저며 접시에 담고 ②의 타르타르소스와 오렌지를 올린다. ⑤의 드레싱과 피스타치오, 처빌 잎, 오렌지 제스트를 뿌린다.

Tip

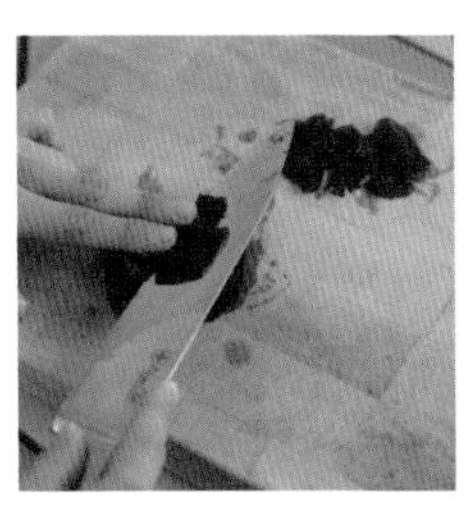

비트는 차게 식혀 카르파초 모양으로 최대한 얇게 저민다.

비건 마요네즈로 만든 비건 타르타르소스는 넉넉히 만들어두고 튀김요리를 찍어 먹으면 맛있다.

라타투이는 토마토와 여러 채소를 푹 끓여 만든 프랑스 전통 채소 스튜다. 가지나 버섯 등을 튀겨 함께 먹으면 잘 어울린다.

recicpe 3

가지튀김 라타투이

Ingredient _ 1인분

가지 1개
토마토 1개
애호박 1/2개
양파 1/2개
빨강 · 노랑 파프리카 1/2개씩
토마토소스 50g
오레가노 럽드 1큰술
바질 럽드 1큰술
타임 럽드 1/2큰술
소금 조금
후춧가루 조금
다진 파슬리 조금
올리브오일 적당량

튀김옷

튀김가루 적당량
빵가루 적당량
물 적당량

How to cook

1 가지는 세로로 한 번, 가로로 두 번 잘라 6등분한다.

2 토마토, 애호박, 양파, 파프리카는 먹기 좋게 썬다.

3 튀김가루와 물을 섞어 가지에 입히고 빵가루를 묻혀 올리브오일에 바삭하게 튀긴다.

4 달군 팬에 올리브오일을 두르고 ②의 채소들을 볶는다. 소금과 후춧가루로 간을 하고 오레가노, 바질, 타임을 넣는다.

5 채소의 수분이 충분히 날아가면 토마토소스를 넣어 푹 익힌다.

6 접시에 ⑤를 담고 ③의 가지튀김을 올린 뒤 파슬리를 뿌린다.

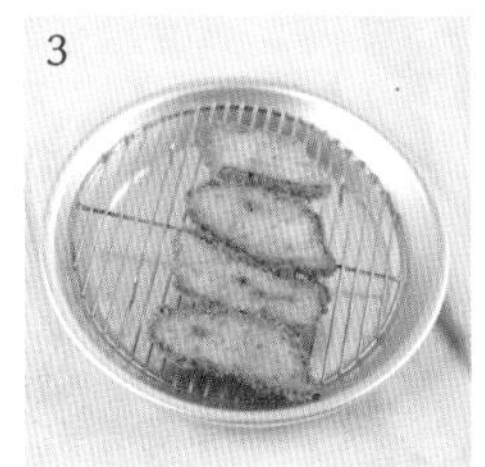
3

5

Tip

럽드는 허브를 말려서 가루보다 조금 굵게 간 향신료를 말한다. 토마토 요리의 풍미를 높여주므로 몇 가지 준비해두면 고급스러운 맛을 낼 수 있다.

가스파초는 여러 가지 채소로 만든 스페인 수프로 차게 먹는 것이 특징이다. 달콤한 초당옥수수로 만들면 아침 식사나 애피타이저로 제격이다.

recicpe 4

초당옥수수 가스파초

Ingredient _ 1인분

초당옥수수 100g
파프리카 1/2개
통조림 옥수수 600g
두유 300mL
다진 파슬리 조금
파프리카 파우더 적당량
올리브오일 적당량
소금 조금

How to cook

1 냄비에 통조림 옥수수와 두유, 소금을 넣고 눌어붙지 않도록 저으면서 한소끔 끓여 식힌다.

2 ①을 믹서에 넣고 곱게 갈아 체에 내린다. 맛을 보고 소금 간을 한 번 더 한다.

3 파프리카를 불에 태우듯이 구워 껍질을 벗기고 사방 1cm 크기로 썬다.

4 초당옥수수는 알맹이를 뜯는다.

5 ②를 그릇에 담고 초당옥수수 알맹이와 구운 파프리카를 올린다.

6 ⑤에 다진 파슬리, 파프리카 파우더, 올리브오일을 뿌린다.

Tip

초당옥수수가 없으면 일반 옥수수를 익혀서 사용한다. 아보카도, 토마토 등으로도 비슷한 방법으로 만들 수 있다.

브륄레는 커스터드 크림에 얇고 바삭한 캐러멜 토핑을 한 프랑스 디저트다. 두유와 두부로 만들면 달콤함과 고소함이 조화를 이룬다.

recicpe 5

피스타치오 두부크림 브륄레

Ingredient _ 1인분

구운 피스타치오 150g
두부 400g
두유 200g
레몬즙 50g
설탕 90g
블루베리 6~7개
슈거파우더 적당량

How to cook

1 구운 피스타치오와 두유, 레몬즙, 설탕 60g을 믹서에 넣고 크림처럼 곱게 간다.

2 ①에 두부를 넣고 한 번 더 곱게 간다. 그릇에 담아 냉장고에서 굳힌다.

3 ②에 남은 설탕을 뿌리고 토치로 갈색이 되도록 녹여 다시 한번 냉장고에서 굳힌다.

4 ③에 블루베리를 올리고 슈거파우더를 뿌린다.

Tip

피스타치오는 견과류 중에서도 지방이 적고 영양소가 풍부하며 고소하다.

토치로 설탕을 갈색이 나게 녹여(캐러멜라이징) 굳히면 톡톡 깨 먹는 재미가 있다. 그 과정 없이 차가운 푸딩처럼 부드럽게 즐겨도 된다.

채소 요리의 정석을 보여주는
파인 다이닝

로컬릿

Local eat

2018년 3월에 남양주 덕소에서 오픈해 2020년 3월에 옥수동으로 확장 이전한 로컬릿은 다양한 채소를 주 재료로 삼는 이탈리안 레스토랑이다. 지역 농부들과 활발히 교류하며 제철 재료를 적극적으로 공수해 남다른 채소 요리를 선보인다. 덕분에 비건 레스토랑 투어에서 빠지지 않는 곳이 되었다. 비건식이나 채소 요리 외에도 스테이크와 한우 라구로 만든 리가토니, 파스타도 있어 비건과 논비건이 함께 식사할 수 있다.

서울시 성동구 한림말길 33 2층

0507-1354-3399

www.instagram.com/the_local_eater

호박 카넬로니 1만9천 원, 시금치 뇨키 1만8천 원,
채소 테린 1만5천 원, 가지 라자냐 1만6천 원

세상 어디에도 없는 채소 요리를 만나다

로컬릿은 'local'과 'eat'이 합쳐진 말로 지역의 식재료를 이용해 건강한 먹거리를 제공한다는 뜻이 담겨 있다. 남정석 셰프는 경주대 관광외식조리학과 석사 과정을 졸업하고 2012년 조리기능장을 취득한 후 뉴질랜드와 한국의 호텔, 사내 레스토랑 총괄 셰프로 근무하다 지금의 로컬릿을 오픈했다.

10년 가까이 이탈리안 요리를 전문으로 해온 남정석 셰프가 채소 요리에 관심을 갖게 된 것은 대학로 마로니에 공원에서 열리는 농부시장 마르쉐@를 접하고부터다. 지역 농부들이 자신이 생산한 농작물을 직접 가져와 판매하는 플리마켓 마르쉐@를 통해 다양한 제철 채소의 매력을 느꼈다고 한다.

1 _ 넓고 심플한 로컬릿 레스토랑. 군더더기 없는 인테리어로 깔끔한 느낌이다.

채소를 이용해 그가 개발한 첫 번째 메뉴는 로컬릿의 시그니처 메뉴인 비건 채소 테린이다. 테린은 고기를 초벌 조리해 테린(terrine)이라는 틀에 차곡차곡 담아 익힌 뒤 굳힌 프랑스 음식인데, 로컬릿의 테린은 고기가 들어 있지 않다. 여러 가지 채소를 비건 후무스로 감싸 포만감도 있고, 식물성이라 속도 편하다. 체소 테린이 비건식을 하는 이들에게 좋은 호응을 얻으면서 본격적으로 비건 요리를 개발하기 시작했다.

인테리어도 심플하고 자연스럽다. 아치형 창문은 공간을 아늑하게 만들고, 요리하는 모습이 훤히 보이는 주방은 신뢰감을 준다. 인테리어보다 음식 맛과 서비스에 집중하자는 것이 남정석 셰프의 철학이다.

건강과 동물권, 환경에 대한 관심이 높아지면서 비건식은 누구나 먹어보고 싶은 음식이 되었다. 로컬릿은 비건과 논비건이 함께 즐길 수 있는 파인 다이닝으로 많은 이들에게 사랑받고 있다.

2 _ 손님 테이블에서 훤히 보이는 주방. 주문 후 요리의 모든 과정을 볼 수 있다.
3 _ 시즈닝만 잘하면 채소만으로도 고급 레스토랑의 메인 요리가 완성된다.
4 _ 레스토랑 가장 안쪽에는 단독 룸이 마련되어 있어 가족 모임을 갖기에도 좋다.

Interview

로컬릿
남정석 셰프

"채소 자체의 맛과 풍미, 질감을 살리는 비건 메뉴를 추구합니다"

채식을 좋아하는 이유는 다양합니다. 어떤 이는 다이어트와 건강을 위해 채식을 즐기고, 어떤 이는 아토피성 피부염이 심해 어쩔 수 없이 채소 위주의 식사를 하죠. 저는 농부의 아들로 태어나 직접 농사를 지어봤기 때문에 요리를 시작하면서 채소 요리에 가장 관심이 가는 게 당연했고요.

그런데 농부시장 마르쉐@에 요리 팀으로 참여하면서 채소를 좋아하는 사람들 중 비건을 많이 봤어요. 건강 외에 환경을 위해, 동물권을 위해 채식을 선택한 사람들도 있다는 걸 알게 되었죠. 그때부

터 비건식에 관심을 갖게 되었고 비건 요리를 개발하기 시작했어요.
비건 메뉴를 만들 때 고기의 질감을 내려고 대체육을 쓰는 건 자제하는 편이에요. 되도록 제철 채소로 만들 수 있는 요리를 연구하죠. 흔히 메뉴를 정하고 그 메뉴에 맞는 재료를 찾는데 저는 반대예요. 로컬 재료와 가까워지면서 재료를 먼저 고른 다음 메뉴를 구상해요. 농가에 가면 싱싱하고 다양한 재료를 맛보며 새로운 요리 아이디어를 찾을 수 있거든요. 또 재료의 특성이나 쓰임에 관해 농부들과 의견을 주고받다 보면 기존에 없는 요리가 탄생하기도 해요.
많은 사람들이 평소에 즐겨 먹지 않던 채소의 매력을 발견하고 채소와 조금 더 가까워졌으면 하는 바람이 있어요. 특히 동네 마트에서 쉽게 구할 수 있는 재료들로 누구나 쉽고 간단하게 만들 수 있는 비건 요리를 많이 개발하고 싶어요. 이런 마음과 노하우를 담아 75가지 채소 요리 레시피를 소개하는 책 〈로컬릿 채소 요리의 정석〉을 출간하기도 했습니다.

농부시장 마르쉐@

마르쉐@는 장터, 시장이라는 뜻의 프랑스어 '마르쉐'에 @를 붙인 것으로 어디서든 열릴 수 있는 시장을 말한다. 농부와 요리사, 수공예가가 함께 만드는 마르쉐@는 대학로 예술가의 집에서 첫 장을 연 뒤 꾸준히 농부와 소비자를 연결하는 역할을 해왔다. 혜화 시장 외에 대학로, 인사동, 서교동 등 동네를 찾아가는 작은 시장도 매달 한 번 열린다. 일정은 홈페이지에서 안내한다.
홈페이지 www.marcheat.net

비타민 A가 풍부한 당근은 눈 건강과 면역력 향상에 좋다. 요리 가니시로 사용할 수도 있고 간식으로 먹을 수도 있는 당근 베이컨을 소개한다.

recipe 1

당근베이컨

*Ingredient*_1인분

당근 1개

시즈닝

메이플 시럽 45g
파프리카 파우더 5g
강황가루 5g
너트멕 5g
소금 5g
후춧가루 조금
올리브오일 10g

How to cook

1 당근은 채칼로 얇게 썬다.

2 시즈닝 재료를 한데 담아 거품기로 섞는다.

3 오븐 팬에 당근을 한 장씩 올리고 ②의 시즈닝을 앞뒤로 골고루 바른다.

4 165℃로 예열한 오븐에 넣어 25분간 말리듯이 굽는다.

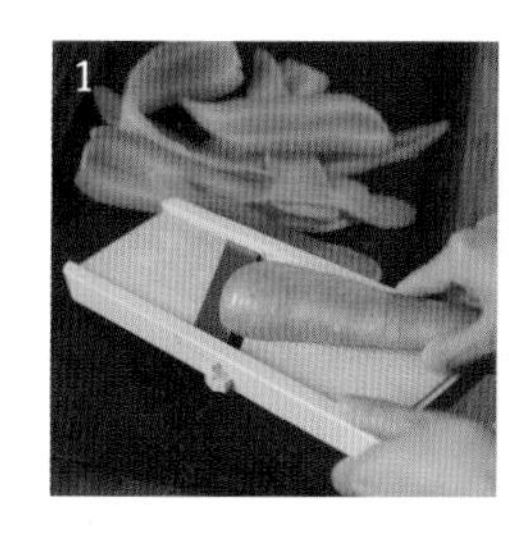

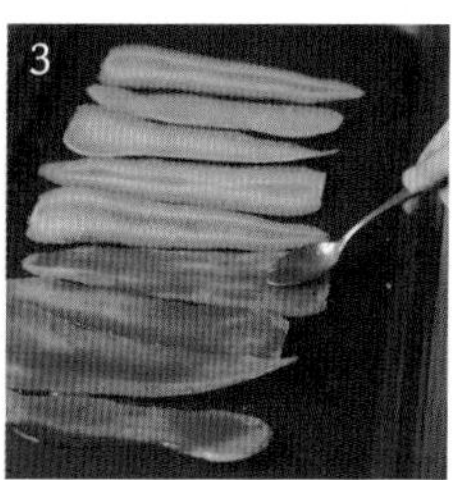

Tip

독특한 시즈닝을 발라 바삭하게 구워 베이컨의 질감과 향을 즐길 수 있다. 그냥 먹어도 좋고, 후무스나 딥을 곁들이면 술안주로도 제격이다.

렌틸콩은 칼로리가 적고 식이섬유, 아미노산, 항산화 성분이 풍부해 비건식에 자주 쓰는 재료다. 렌틸콩으로 볼로네제 소스를 만들어두면 볶음밥, 파스타 등 활용도가 높다.

recipe 2

비건 렌틸 볼로네제

Ingredient _ 1인분

스파게티 200g
양파 200g
당근 100g
셀러리 60g
렌틸콩 200g
올리브오일 30g
토마토소스 300g
소금 10g
채소스톡 30g

How to cook

1 양파, 당근, 셀러리는 잘게 다진다.

2 렌틸콩은 소금을 넣고 10분간 삶는다.

3 팬에 올리브오일을 두르고 다진 채소를 볶다가 삶은 렌틸콩과 토마토소스를 넣어 1시간 정도 뭉근하게 끓인다. 소금으로 간을 한다.

4 끓는 물에 소금을 넣고 스파게티를 10분간 삶는다.
* 물 2L에 소금 22g 정도 넣으면 적당하다. 미리 삶아둘 경우에는 6분간 삶는다.

5 ③에 채소스톡을 넣고 삶은 스파게티를 넣어 가볍게 볶듯이 조린다.

Tip

렌틸콩은 지방이 적고 비건 요리에 중요한 식물성 단백질이 풍부하다. 단맛이 적고 고소한 맛이 나서 죽이나 수프 등 다양한 요리에 쓴다.

렌틸콩 소스를 넉넉히 만들어놓고 빵에 곁들여 먹거나 스튜를 만들 때 사용하면 좋다.

라자냐 면 없이 다양한 채소들을 층층이 쌓고 후무스를 올려 고소함을 더한 비건 라자냐. 여러 가지 채소의 질감과 맛을 즐길 수 있다.

recipe 3

비건 채소 라자냐

Ingredient _ 4인분

단호박 400g
가지 2개
아스파라거스 12개
토마토소스 250g
소금 조금
후춧가루 조금
올리브오일 조금
플레이팅용 토마토소스 200g

흰콩 후무스

흰콩 200g
설탕 12g
소금 5g
참기름 10g

How to cook

1 흰콩은 3시간 이상 불린 뒤, 물을 넉넉히 붓고 1시간 이상 푹 삶아 식힌다.

2 삶은 흰콩을 체에 내려 물기를 뺀 뒤, 설탕, 소금, 참기름을 넣고 핸드 블렌더로 곱게 간다.

3 단호박은 껍질을 벗겨 0.5cm 두께로 썰고, 가지도 같은 두께로 썬다. 아스파라거스는 손질해 반 가른다.

4 단호박과 가지를 각각 소금, 후춧가루, 올리브오일을 뿌려 200℃로 예열한 오븐에 6분간 굽는다.

5 내열 그릇에 구운 가지를 겹치지 않게 깔고, 토마토소스와 ②의 후무스를 골고루 바른다. 그 위에 구운 단호박과 아스파라거스를 얹고 토마토소스와 후무스를 바른다.

6 ⑤를 160℃로 예열한 오븐에 20분 정도 굽는다.

7 접시에 토마토소스를 깔고 채소 라자냐를 먹기 좋게 잘라 담는다.

Tip

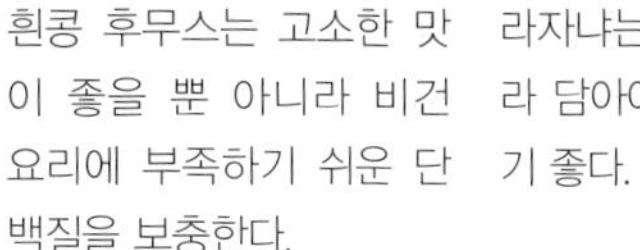

흰콩 후무스는 고소한 맛이 좋을 뿐 아니라 비건 요리에 부족하기 쉬운 단백질을 보충한다.

라자냐는 크게 만들어 잘라 담아야 단면이 보여 보기 좋다.

콜리플라워는 아삭아삭하고 포만감이 좋아 다이어트식으로 각광받는 채소다. 콜리플라워를 양념해 오븐에 구우면 근사한 메인 요리가 된다.

recipe 4

비건 로스트 콜리플라워

Ingredient _ 1인분

콜리플라워 1개
와일드 루콜라 5g
터메릭 파우더 5g
파프리카 파우더 5g
메이플 시럽 15g
소금 조금
후춧가루 조금
올리브 오일 조금

시칠리안 페스토

토마토 120g
바질 120g
구운 아몬드 슬라이스 120g
다진 마늘 15g
소금 8g
올리브오일 400g

How to cook

1 콜리플라워는 통째로 소금, 후춧가루, 올리브오일을 뿌린 뒤, 터메릭 파우더, 파프리카 파우더, 메이플 시럽을 뿌린다.
2 200℃로 예열한 오븐에 콜리플라워를 넣어 15분 정도 굽는다.
3 시칠리안 페스토 재료를 모두 믹서에 넣어 거칠게 간다.
4 접시에 구운 콜리플라워를 담고 시칠리안 페스토와 와일드 루콜라를 곁들인다.

Tip

채소는 구우면 수분이 빠지면서 질감이 좋아지고 단맛도 강해진다.

독특한 향신료, 풍미를 더하는 소스만 있어도 레스토랑에서 맛보는 특별한 요리를 만들 수 있다.

코팅하듯 오일을 발라 익히는 조리법을 브레이즈라고 하는데, 적양배추를 이렇게 조리하면 단맛이 강해진다. 새콤달콤한 베리류를 얹어 먹으면 풍미가 더 살아난다.

recipe 5

브레이즈드 레드 캐비지

Ingredient _ 1인분

적양배추 1/2개
라즈베리 15g
블랙베리 15g
다진 바질 5g
햄프씨드 15g
레드 와인 식초 30g
설탕 15g
소금 조금
후춧가루 조금
올리브오일 조금

How to cook

1 적양배추를 웨지 모양으로 썰어 오븐 팬에 올린다.

2 적양배추에 소금, 후춧가루, 올리브오일을 골고루 뿌린 뒤, 레드 와인 식초와 설탕을 뿌린다.

3 ②에 라즈베리와 블랙베리를 올리고 다진 바질을 뿌려 190℃로 예열한 오븐에 8분간 굽는다.

4 접시에 구운 적양배추를 담고 햄프씨드를 뿌린다.

Tip

레몬과 바질, 냉동 베리류를 가니시나 소스로 사용하면 채소 요리의 풍미를 한층 높일 수 있다.

향과 풍미가 독특한 브레이즈드 레드 캐비지는 화이트 와인과 잘 어울린다.

한 번에 한 팀,
정통 파인 다이닝

브리암

Briam

서양 특수 채소와 허브를 텃밭에서 직접 키워 요리하는 파인 다이닝이다. 평소 접하기 어려운 자연산 재료와 직접 만든 오일, 식초를 사용한 독특한 코스 요리를 맛볼 수 있다. 점심과 저녁에 각각 한 팀만 예약을 받는 것이 특징이며, 팀당 12명까지 가능하다. 재료를 준비하는 시간이 필요해 적어도 24시간 전에는 예약을 해야 한다. 음식은 모두 7가지 요리와 1가지 디저트가 제공된다. 제철 재료를 사용해서 계절마다 메뉴가 달라지니 방문하기 전에 미리 확인하면 좋다.

경기도 양평군 서종면 황순원로161번길 17-19

010-3209-2388

blog.naver.com/yp_briam

정식 코스 요리(자연산 버섯 수프, 단호박 소스 구이, 허브 꽃밭 샐러드, 가지 피자 또는 브리암, 버섯구이, 죽순구이 또는 산마 오븐 요리 등) 원 테이블 3인 30만 원(1인 추가당 10만 원)

지중해 특수 채소와 허브로 차린 건강한 식탁

브리암은 지나가다 우연히 들를 수 있는 곳이 아니다. 지도를 보거나 내비게이션으로 주소를 검색해 가야만 찾을 수 있는, 아는 사람만 가는 곳이다. 산 좋고 물 좋은 양평 서종면의 강변도로를 지나 좁은 언덕길을 굽이굽이 오르다 보면 그림같이 예쁜 하얀 집이 보인다. 김성찬 대표가 대지 250평의 넓은 땅에 230여 가지의 다양한 특수 채소를 직접 키워 요리하는 레스토랑, 브리암이다.

실내는 가정집을 연상시킨다. 심플하고 깔끔한 화이트 톤에 통유리창 너머로 싱그러운 허브 밭이 보인다. 식사하는 커다란 테이블은 요리를 준비하는 주방과 마주 보고 있어 코스 요리가 만들어지는 과정을 직접 볼 수 있다. 셰프가 재료에 대해 안내하고 요리법까지 설명해줘 더 맛있고 즐거운 식사 시간이 된다.

1 _ 지중해풍의 브리암 레스토랑. 김성찬 대표가 직접 지었다.
2 _ 브리암은 근처 주말농장을 임대해 여러 종류의 허브를 재배한다.
3 _ 브리암에서 판매하는 바질 오일과 바질 식초. 한번 맛본 이들은 반드시 다시 찾는다고 한다.

브리암에는 정해진 메뉴가 없다. 그 계절에 나오는 자연산 재료의 맛과 약성을 최대한 살린 메뉴를 선보인다. 봄에는 참두릅, 산마늘 등 자연산 산나물로 파스타를 만들고, 가을에는 자연산 버섯과 뿌리채소로 수프와 구이를 만든다. 특히 지중해 오븐 요리 브리암, 일명 그리스 라타투이는 재료를 손질해 오븐에서 2시간 동안 뭉근히 익히는 요리로 남녀노소 모두가 칭찬을 아끼지 않는단다.

동양 채식인 소식(무오신채 채식)을 추구하던 김성찬 셰프가 비건식을 선보이게 된 건 손님들의 요구 덕분이다. 채식마저도 완전한 비건식으로 주문하는 이들이 늘면서 비건 버터, 비건 치즈 등을 준비하고 팬이나 냄비 등 조리도구도 비건식용을 구분해 사용한다.

그는 영양 불균형 없이 꾸준히 할 수 있는 비건식을 강조한다. 재료 선정부터 요리, 먹는 과정까지가 하나의 식사라고 믿고, 브리암을 찾는 손님들에게 몸에 좋고 영양 많은 한 끼 식사를 대접한다는 마음으로 레스토랑을 운영하고 있다.

---

4 _ 김성찬 대표는 개방된 주방에서 요리를 하면서 재료와 조리법, 효능에 대한 설명도 잊지 않는다.

5 _ 한쪽 벽을 가득 채운 사진. 손님과 브리암이 함께한 소중한 추억들이 쌓여간다.

Interview

브리암

김성찬 대표

"비건 음식을 더 건강하게 먹는 법을 연구합니다"

제 이력이 좀 독특해요. 전자공학을 전공하고 반도체 기술영업 분야에서 일하면서 30년 동안 일본, 미국, 동남아 등지를 돌아다녔어요. 당뇨병으로 고생하시는 부모님을 보며 자라 건강에 관심이 많았는데, 외국 출장을 오래 다니며 채식을 자연스럽게 접하게 되었죠. 그게 20년 이상 된 겁니다.

채식을 한 뒤 혈당 수치는 좋아졌는데, 10년 정도 지나니 영양 불균형이 일어나 오히려 건강이 악화되는 경험을 했어요. 그때 결심했습니다. 내 몸에 대해 연구해야겠다, 내가 먹는 먹거리를 공부해야겠다고요.

채식을 공부하다 보니 지중해 채소에 영양이 많다는 것을 알게 되었어요. 그래서 마트에서는 구하기 어려운 지중해 특수 채소와 허브를 주말농장에서 키우게 되었고, 결국 2017년 2월에 이곳 양평으로 왔어요. 양평은 서울과 가까우면서도 일교차가 심해 강원도 청정채소의 맛과 향, 약성을 낼 수 있는 곳이거든요. 직접 키운 채소로 건강식을 만들다 보니 레스토랑까지 열게 된 겁니다.

요즘 많은 이들이 비건에 관심이 높은데, 무엇을 먹지 않느냐에만 신경 쓰는 것 같아요. 고기 대신 대체육을 먹고, 유제품 대신 두유를 먹는 것 말이죠. 이제는 비건도 무엇을 먹지 않느냐보다 얼마나 건강하게 먹느냐에 관심을 가질 때라고 생각해요. 매일같이 두부, 감자, 채소만 먹으면 비건식을 오래 할 수가 없어요. 반드시 영양을 고려해서 균형 잡힌 식단을 구성해야 하죠.

300평 가까이 텃밭 농사를 지으면서 가장 심혈을 기울이는 채소는 지중해 특수 채소와 바질 등의 허브입니다. 서양의 특수 채소와 허브로 새로운 레시피를 다양하게 개발해 SNS에 공유하고, 궁금증에 답변도 하고 있어요. 바질은 향과 맛만 좋은 게 아니라 유럽에서는 약으로도 사용해요. 특히 오일과 만나면 최고죠. 브리암에서는 바질 오일을 직접 만들어 판매도 하고 있습니다.

앞으로 더 많은 분에게 좋은 상품을 소개하고 싶어요. 쿠킹 클래스도 준비 중이고, 바질 오일과 바질 식초, 표고버섯 액젓과 젓갈 등 가공식품도 다양한 경로로 판매할 예정입니다.

자연의 향을 가장 많이 품은 식품으로 버섯을 꼽을 수 있다. 양식 버섯이 아닌 자연산 버섯은 그 자체로 풍미가 깊어 최고의 식재료가 된다.

recipe 1

자연산 버섯 수프

Ingredient _ 1인분

염장 버섯(자연산) 50g
코코넛 밀크 30mL
코코넛 오일 1~2큰술
바질 식초 1큰술
소금 조금
너트멕 조금
채식 조미료 조금
물 300mL

How to cook

1 염장 버섯을 먹기 좋게 찢어 물에 반나절 정도 담가 소금기를 뺀다. 중간에 물을 2~3번 간다.
2 팬을 달구고 코코넛 오일을 녹인다.
3 손질한 염장 버섯의 물기를 꼭 짠 뒤 ②의 팬에 넣어 볶는다.
4 ③에 물과 코코넛 밀크를 넣어 끓인다. 이때 물 대신 채수를 넣으면 풍미가 더 좋다.
5 소금으로 간을 하고 채식 조미료와 너트멕, 바질 식초를 넣는다.

Tip

자연산 버섯은 칡버섯, 밀버섯, 솔버섯, 밤버섯, 가지버섯, 찔레버섯, 참나무버섯, 꾀꼬리버섯 등 종류가 다양하고 맛도 다 다르다. 가을에는 쉽게 구할 수 있지만, 다른 계절에는 주로 염장한 버섯을 사용한다.

비건 요리에 많이 사용하는 너트멕은 인도네시아의 한 섬이 원산지인 향신료로 음식의 풍미를 살린다.

아삭아삭 신선한 채소와 수십 가지 허브, 식용 꽃으로 만든 샐러드. 특수 채소로 만든 새로운 샐러드가 우리 몸의 잠자던 세포들을 깨울 것이다.

recipe 2

허브 꽃밭 샐러드

Ingredient _ 4인분

상추 적당량
특수 채소 적당량
허브 적당량
식용 꽃 적당량
방울토마토 7~10개
레몬 1/2개
바질 오일 3큰술
비건 파르메산 치즈 조금

* 상추는 곱슬 아삭이, 아이스 퀸, 알로에 상추 등을, 허브는 바질, 오레가노, 레몬밤, 오렌지밤, 라임밤, 파인애플민트 등을, 식용 꽃은 다이어스 캐모마일, 로먼 캐모마일, 체리 세이지 꽃, 동자꽃, 마시멜로, 캄파눌라 등을 사용한다.

How to cook

1 채소를 깨끗이 씻어 물기를 뺀 뒤 먹기 좋게 자른다.
2 그릇에 맛이 강하지 않은 상추를 가장 먼저 담는다.
3 상추 위에 쓴맛이 나는 치커리나 특수 채소들을 올리고, 그 위에 신맛 나는 채소들을 올린다.
4 마지막에 향이 좋은 허브와 방울토마토를 골고루 올린다.
5 레몬을 즙내어 골고루 뿌리고 바질 오일도 뿌린다.
6 비건 파르메산 치즈를 갈아 뿌리고, 식용 꽃을 올린다.

Tip

애플민트, 레몬민트, 오렌지타임, 골든레몬타임, 딜, 펜넬, 마조람 등 독특한 맛과 향을 지닌 허브와 다양한 식용 꽃을 브리암에서 모둠으로 구입할 수 있다.

브리암에서는 스카롤라, 트레비소, 슈거 치커리, 엔다이브, 레드 치커리, 샐러드 버넷, 그린 소렐, 레드 소렐, 루콜라, 와일드 루콜라 등 수십 가지 특수 채소를 맛볼 수 있다.

단호박은 각종 미네랄과 식이섬유가 풍부하며 칼로리가 적어 다이어트 식품으로 좋다. 푹 익혀 소스로 만들어두면 여러 용도로 활용할 수 있다.

recipe 3

단호박 소스 아스파라거스구이

Ingredient _ 1인분

단호박 1개(250g 정도)
아스파라거스 3개
코코넛 밀크 20mL
바질 오일 30mL
바질 식초 조금
토판염(또는 천일염) 조금

* 토판염은 갯벌을 다져 전통방식으로 생산한 천일염이다. 독특한 뒷맛이 있어 요리에 풍미를 더한다.

How to cook

1 단호박은 껍질을 벗기고 반 잘라 씨를 긁어낸다. 아스파라거스는 딱딱한 부분을 잘라내고 아래쪽 껍질은 질기므로 벗긴다.

2 단호박을 130℃의 스팀 오븐에서 스팀을 주어 20분간 익힌다.
* 스팀 오븐이 없으면 찜기에 20분 정도 찐다.

3 익은 단호박을 푸드 프로세서나 블렌더로 간다.

4 ③에 바질 오일과 코코넛 밀크를 넣어 한 번 더 간다.

5 ④에 바질 식초를 넣고 소금을 넣는다.

6 팬에 바질 오일을 두르고 아스파라거스를 소금으로 간해 살짝 굽는다.

7 ⑤의 단호박 소스를 접시에 담고 구운 아스파라거스를 올린다.

1 4

Tip

단호박 소스에 코코넛 밀크를 조금 더 넣어 수프처럼 먹어도 좋다. 아스파라거스, 두부, 가지, 버섯 등을 구워 올려 먹으면 포만감 있는 한 끼 식사가 된다.

푸주는 두부를 만들 때 표면에 생기는 얇은 막을 모아서 막대 모양으로 말린 것이다. 쫄깃함을 살려 버섯과 함께 파스타를 만들면 별미요리가 된다.

recipe 4

느타리버섯 푸주 파스타

Ingredient _ 1인분

푸주 150g
느타리버섯(자연산) 50g
레몬 1/2개
바질 오일 10mL
토판염(또는 천일염) 조금
통후추 조금
채식 조미료 1/3큰술
비건 치즈 적당량

How to cook

1 느타리버섯은 잘 씻어 햇볕에 반 정도 말린다.
* 버섯을 말리면 꼬들꼬들한 질감이 살아난다.

2 푸주는 물에 충분히 불려 물기를 꼭 짠 뒤 5cm 길이로 자른다.

3 달군 팬에 바질 오일을 두르고 버섯을 먼저 볶다가 푸주를 넣어 볶는다.

4 ③에 레몬즙을 짜서 넣고 소금과 채식 조미료로 간을 맞춘다.

5 파스타를 접시에 담고 통후추와 치즈를 갈아 뿌린다.

Tip

푸주는 건조식품이라 충분히 불려서 사용하는 게 좋다. 뜨거운 물에 불린 뒤 찬물에 살짝 헹구면 쫄깃함이 살아난다.

텃밭에서 생명력 있게 자란 20여 종의 노지 바질과 퓨어 올리브오일로 만든 바질 오일. 샐러드용과 볶음용 두 가지가 있다.

여러 가지 채소를 듬뿍 넣은 요리로 채식 초기, 영양 불균형이 오기 쉬울 때 먹으면 좋다. 넉넉히 구워서 나눠 냉동해두고 꺼내 먹어도 좋다.

recipe 5

브리암 오븐구이

Ingredient _ 2인분

홍감자 2개
애호박 1/2개
적양파 1/2개
가지 2개
완숙 토마토 2개
레몬 1/2개
딜 10g
홀토마토 150g
바질 오일 적당량
토판염(또는 천일염) 조금

* 홍감자 대신 일반 감자로 만들어도 된다.

How to cook

1 홍감자와 애호박, 적양파, 가지, 완숙 토마토를 먹기 좋은 크기로 썬다.

2 오븐 팬에 채소를 고루 올린다.

3 ②에 소금을 뿌려 간을 하고 레몬즙을 뿌린 뒤, 홀토마토를 으깨어 올린다.

4 ③에 딜을 올리고 바질 오일을 듬뿍 뿌린다.

5 120~130℃의 오븐에서 1시간 30분 이상 굽는다.

4

5

Tip

브리암 오븐구이의 포인트는 아낌없이 듬뿍 넣은 딜이다. 허브를 잘 활용하면 화학첨가물 없이도 맛을 낼 수 있고 소금 간을 덜해도 감칠맛을 난다.

개인의 취향을 존중하는
100% 비건 레스토랑

카페시바

Cafe S.I.V.A.

이국적이고 화려한 간판이 눈길을 끄는 카페시바는 뜨리요가 아쉬람의 한국지부장 이진아 대표가 요가원과 함께 운영하는 비건 전문 레스토랑이다. 100% 비건식만 취급하며, 비빔국수나 비건 장조림 덮밥 같은 정통 한식부터 파스타, 버거 등 양식, 로제 떡볶이, 김치 스튜 등의 퓨전 요리까지 수십 가지 비건 메뉴를 소개한다. 비건들도 개인의 취향에 따라 음식을 골라 먹는 즐거움이 있어야 한다며 유행하는 소스나 요리들을 비건식으로 개발해 소개한다.

서울시 용산구 한강대로 276-1

070-7543-1339

www.instagram.com/cafe.siva

슈프림 버거 9천8백 원, 시바 양념 프라이드 1만5천8백 원, 슈프림 랩 9천3백 원, 두부 가라아게 로제 파스타 1만 3천8백 원, 중화 송이 표고 탕수 1만8천 원

한식, 서양식, 퓨전 요리까지 다양한 비건 메뉴의 천국

숙대 앞, 간판을 보면 발길을 멈추고 들여다보게 되는 곳이 있다. 비건 레스토랑 카페시바다. 이국적이고 강렬한 색이 눈길을 끄는 카페시바의 내부는 오렌지, 옐로, 그린, 블루, 인디고, 바이올렛 7가지 색깔의 차크라 컬러로 꾸며져 있다. 카페 곳곳을 둘러보면 각종 비건 책들과 포스터도 눈에 띈다. 단순히 비건식을 파는 레스토랑을 넘어 비거니즘이라는 철학을 소개하고 생활 방식을 공유하려는 대표의 의지가 엿보인다.

이진아 대표는 상도동에서 오랫동안 운영하던 요가원을 이전하면서 요가원과 레스토랑을 함께 할 수 있는 자리를 찾았다고 한다. 그 결과 이곳을 발견해 2019년 카페시바라는 이름으로 비건 전문 레스

1 _ 근대식 한옥 구조인 독특한 천장이 맘에 들어 그대로 살려 인테리어를 완성했다.
2 _ 카페시바의 2층은 요가원으로 운영되고 있다.
3 _ 요즘 가장 인기 있는 비욘드 소시지 로제 떡볶이는 많은 이들이 요청으로 탄생한 메뉴다.

토랑을 열고, 비건 요리도 맛있게 만들 수 있다는 생각으로 다양한 메뉴를 개발하기 시작했다. 남동생이 10년 가까이 셰프로 일하고 있어 레시피와 플레이팅에 도움을 받을 수 있었다.

2년 동안 레스토랑을 운영하면서 새로운 메뉴들을 끊임없이 실험하고 소개하며 수많은 메뉴들이 탄생했다. 처음 온 손님들은 메뉴판에 가득한 메뉴들을 보며 놀란다고 한다. 비건에게도 음식 취향은 있으니, 힘들어도 메뉴 수는 줄이지 않겠다는 게 이진아 대표의 생각이다.

가장 인기 있는 메뉴는 버거와 튀김이다. 여러 대체육을 써보고, 업체와 협업하기도 하면서 메뉴를 개발한다. 손님의 요구를 반영해 개발한 메뉴도 있다. 대표적인 것이 로제 떡볶이다. 요즘 인기 있는 로제 소스를 비건으로 만들어 많은 이들에게 사랑받고 있다. 여름에는 비빔국수, 겨울에는 만둣국 등 계절 메뉴도 소개한다.

특히 SNS를 통해 비건 요리와 비거니즘을 소개하고 많은 비건들과 소통하며 커뮤니티의 역할도 하고 있다. 최근에는 비건 김치를 만들어 판매했는데 80차 판매에 육박할 정도로 뜨거운 인기를 얻었다.

현재 다이닝 겸 카페로 운영하고 있는 카페시바는 용산구 본점과 전주점이 있다. 앞으로 비건 식당 유틸리티가 열악한 지역을 탐색해 음식점, 술집, 카페 등 다양한 형태로 비거니즘 식문화를 알릴 계획이다.

4 _ 카페시바에서는 비건 와인도 여러 종류 소개하고 있다.

Interview

카페시바

이진아 대표

"비거니즘 라이프스타일을 많은 이들과 함께 실천하고 싶어요"

비거니즘을 실천한 지는 15년이 넘었어요. 지금은 뜨리요가 인터내셔널(TriYoga International : 국제 요가지도사 양성 교육재단)의 요가 지도자로 활동 중이에요. 시바는 현재 40여 개국에서 뜨리요가와 고전요가를 교육하고 비거니즘을 알리는 비영리 단체입니다.

어떻게 요가를 시작했고 비건이 되었냐고요? 엄마가 요가 강사셔서 어릴 적부터 자연스럽게 요가를 접했어요. 19살에 인도에 가서 학위를 받고 요가자격증을 딴 뒤, 미국에서 요가를 더 배우고 한국에 돌아왔습니다. 당시 인도, 미국, 한국의 요가 선생님 세 분이 모두 비거니즘을 실천하는 분들이었어요. 저도 스승을 따라 조금씩 채식을 했고 비건이 되었죠. 아기가 엄마 젖을 떼고 밥을 먹고 성장을 이어가듯, 채식과 비거니즘은 저에게 자연스러운 일이었어요.

요즘 카페에 아이를 데리고 오시는 분들이 굉장히 많은데, 한결같이 아이들이 비거니즘을 훨씬 더 쉽게 받아들인다고 얘기하세요. 동물권과 환경을 생각하는 마음을 아이에게 배웠고, 그래서 비건식을 함께 체험해보기 위해 오셨다고요. 갑자기 비건이 되기는 어렵겠지만, 가끔씩 혹은 1주일에 한 번이라도 비건식을 해보면 어떨까 생각하게 되었다고 말이죠.

예전에는 비건식을 해도 다른 사람이 불편함을 느끼지 않게 하려고 최대한 노력했어요. 혼자 외식할 때는 채식 전문 식당과 사찰 음식점 등을 찾아다닐 수 있었지만, 회식이나 모임이 있을 때는 일반 식당에 가서 음식을 가려 먹는 정도로 만족해야 했죠. 그때는 비건이라는 말을 낯설어

하는 이들이 많았고, 채식하는 사람들을 까탈스럽다며 부정적으로 생각하는 이들도 있었거든요. 그런 면에서 요즘은 비건에 많은 분들이 관심을 갖게 되어 아주 좋아요.
더 큰 바람이 있다면 손님들이 카페에 와서 비건식을 경험하는 것으로 그치는 것이 아니라 진정한 비거니즘에 대해 생각해보는 계기가 되었으면 하는 거예요. 비건식은 비거니즘 생활의 일부니까요.
동물권을 존중하고 동물 착취를 반대하는 운동이 비건 철학의 바탕입니다. 일상생활에서 가죽 소파를 사용하지 않거나 가죽 옷, 가죽 가방을 거부하는 것도 비거니즘을 실천하는 일이죠. 비거니즘의 윤리의식을 통해 환경에 대해 생각하게 되고 일회용품 사용을 줄이려는 노력으로 이어진다면 그것도 바람직하고요.

카페시바의 시그니처 메뉴 중 하나로 담백한 맛을 원하는 사람들에게 인기다. 채소가 풍부하게 들어가고 새콤달콤한 치폴레 소스가 입맛을 돋운다.

recipe 1

슈프림 랩

Ingredient _ 1인분

토르티야 2장
통조림 강낭콩 100g
양파 1/4개
토마토 1/2개
상추 30g
적양배추 50g
비건 마요네즈 50g
머스터드소스 적당량
토마토케첩 적당량
비건 치폴레 소스 적당량
소금 조금
후춧가루 조금

How to cook

1 통조림 강낭콩은 건더기만 건져 끓는 물에 데친 뒤 물기를 빼고 으깬다.

2 양파는 잘게 다지고, 토마토는 잘게 썰고, 적양배추는 채 썬다.

3 팬에 기름을 두르고 양파를 갈색 빛이 나게 볶는다.

4 으깬 강낭콩과 볶은 양파, 토마토, 적양배추를 한데 담고 비건 마요네즈, 소금, 후춧가루를 넣어 섞는다.

5 토르티야 가운데에 ④를 펼쳐 담고 토마토케첩과 치폴레 소스를 뿌린다.

6 상추를 반으로 잘라 ⑤에 올리고 머스터드소스를 뿌린다.

7 토르티야를 작고 동그랗게 잘라 ⑥ 위에 덮고 감싼다.

8 달군 팬에 앞뒤로 노릇하게 굽는다. 반 잘라 접시에 담는다.

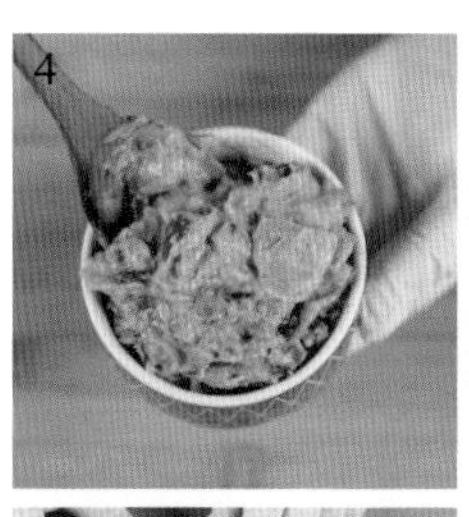

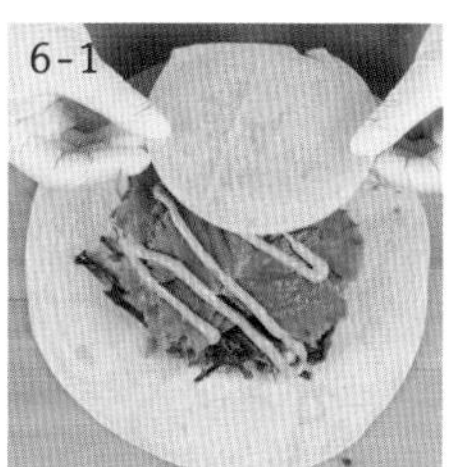

짭조름한 비건 장조림과 고소한 마요네즈, 매콤한 고추가 어우러진 요리. 비건 버터와 비건 마요네즈로 소스를 만들고, 마늘 기름과 청양고추로 풍미를 더했다.

recipe 2

비건 장조림 청양마요 덮밥

Ingredient _ 1인분

밥 1공기
콩고기 100g
청양고추 2개
마늘 2쪽
비건 마요네즈 적당량
비건 버터 1큰술
간장 1큰술
올리브오일 적당량

조림장

양파 1/2개
마늘 10쪽
통후추 5~6개
간장 1/3컵
설탕 1½큰술
물 500mL

How to cook

1 콩고기는 뜨거운 물에 충분히 불려 물기를 뺀 뒤, 장조림처럼 결을 따라 찢는다.
2 냄비에 조림장 재료와 콩고기를 넣어 중간 불에서 30분 정도 조린다.
3 청양고추는 어슷하게 썰고, 마늘은 저민다.
4 달군 팬에 올리브오일을 두르고 저민 마늘을 볶다가 비건 버터와 간장, 밥을 넣어 볶는다.
5 그릇에 ④의 밥을 담고 비건 마요네즈를 뿌린 뒤, ②의 비건 장조림과 청양고추를 올린다.

Tip

콩고기로 만든 비건 장조림은 결이 살아 있어 고기 장조림의 질감을 느낄 수 있다. 넉넉히 만들어두면 밑반찬으로도 좋다.

시중에 콩으로 만든 비건 마요네즈가 다양하게 나와 있다. 쓰임새가 많아 갖춰 두면 편리하다.

따뜻한 스튜는 추운 계절에 많이 먹을 것 같지만 해장을 위해 찾는 사람들도 많다. 토마토소스와 칼칼한 김치로 국물을 내 개운하고, 비건 만두를 넣어 든든하다.

recipe 3

비건 만두 스튜

*Ingredient*_1인분

비건 만두 2개
비건 배추김치 30g
토마토소스 100g
방울토마토 2개
대파 1/4대
다진 마늘 적당량
소금 조금
후춧가루 조금
올리브오일 적당량
물 350mL

How to cook

1 비건 배추김치는 잘게 다진다. 대파는 어슷하게 썬다. 방울토마토는 반으로 자른다.

2 달군 팬에 올리브오일을 넉넉히 두르고 다진 마늘과 대파를 볶는다.

3 ②에 물을 붓고 비건 만두와 방울토마토, 토마토소스를 넣어 10분 동안 중간 불에서 끓인다. 소금과 후춧가루로 간을 한다.

* 두부, 버섯 등을 넣고 찌개처럼 끓여도 좋다.

Tip

비건 만두는 고소하고 담백한 맛이 좋아 비건식을 하지 않는 사람들도 맛있게 먹을 수 있다.

비건 만두 스튜는 밥과 함께 먹어도 좋고, 우동이나 소면을 삶아 넣어 먹어도 맛있다.

떡볶이와 파스타뿐 아니라 찜 요리까지 로제 소스가 인기다. 두유로 만든 로제 소스는 특유의 고소함과 매콤함이 매력적이다. 두부튀김이나 버섯 강정과도 잘 어울린다.

recipe 4

비욘드 소시지 로제 떡볶이

Ingredient _ 1인분

떡국용 떡 100g
스파게티 100g
비욘드 소시지 1개
양파 1/4개
대파 1/4개
마늘 3쪽
방울토마토 2개
고추장 1큰술
두유 150mL
물 50mL
올리브오일 적당량

핫도그 반죽
밀가루 170g
소금 조금
후춧가루 조금
물 100mL

How to cook

1 핫도그 반죽 재료를 섞어 비욘드 소시지에 두껍게 입힌다.

2 180℃의 올리브오일에 ①의 핫도그를 돌려가며 8분 정도 튀긴다. 기름을 뺀 뒤 한입 크기로 썬다.
* 올리브오일 대신 식용유에 튀겨도 된다.

3 양파는 채 썰고, 대파는 어슷하게 썰고, 마늘은 저민다. 방울토마토는 반 자른다.

4 달군 팬에 올리브오일을 두르고 ③의 양파, 대파, 마늘을 넣어 볶다가 물과 두유, 고추장을 넣어 중간 불에서 저어가며 끓인다.

5 끓는 물에 소금을 조금 넣고 스파게티를 8분 정도 삶아 건진다.

6 떡은 물에 담가 불린다.

7 ④에 삶은 스타게티와 떡을 넣고 소스가 충분히 스며들 때까지 저어가며 끓인다.

8 그릇에 ⑦을 담고 방울토마토를 올린 뒤 ②의 핫도그를 곁들인다.

Tip

고추장과 두유를 뭉근한 불에 넣고 끓여 로제 소스를 만들어두면 각종 요리에 두루 쓸 수 있다.

비욘드 소시지 핫도그를 한입 크기로 썰어 떡볶이에 곁들여 먹으면 별미다. 간식으로 케첩을 찍어 먹어도 맛있다.

버터와 팥 앙금을 함께 넣은 앙버터 토스트는 남녀노소 누구나 좋아한다. 완전한 비건식으로 먹으려면 버터뿐 아니라 식빵과 초코시럽까지 세심하게 따져봐야 한다.

recipe 5

비건 앙버터 토스트

Ingredient _ 1인분

비건 식빵 2장
비건 버터 50g
팥 앙금 50g
비건 초코시럽 적당량

How to cook

1 비건 식빵을 토스터로 바삭하게 굽는다.

2 비건 버터를 0.5cm 두께로 썰어 식빵에 꼼꼼히 얹는다. 다른 식빵에는 팥앙금을 펴 바른다.

3 2장의 식빵을 마주 붙여 가볍게 누른다.

4 앙버터 토스트를 먹기 좋게 잘라 접시에 담고 초코시럽을 뿌린다.

Tip

비건 식빵과 비건 버터는 달걀, 우유, 버터 같은 동물성 재료를 넣지 않고 만들었다. 비건 버터는 멜트 유기농 비건 버터를 추천한다.

앙버터 토스트와 잘 어울리는 소이라테. 우유나 생크림 대신 오트 오일, 코코넛 오일, 아몬드 오일, 두유 등을 사용해 만든다.

서울시 마포구 와우산로3길 38

02-6367-9870

www.instagram.com/slunch_factory

모로칸 샐러드 & 후무스 & 피타 1만8천 원, 아보카도 가지
주키니 피자 2만3천 원, 그린 시금치 뇨키 2만 원

초보부터 비건까지 단계별로 즐기는
캐주얼 레스토랑

슬런치

Slunch

흔히 당인리길이라고 부르는 상수동 카페 골목에 슬런치가 있다. 2011년 오픈한 후 칼로리는 줄이고 영양가는 높인 채식을 선보여 비건들 사이에선 이미 유명한 곳이다. 슬런치의 가장 큰 특징은 비건, 페스코 베지테리언 등 채식주의자가 자신의 단계에 맞는 메뉴를 골라 먹을 수 있다는 점이다. 누구나 맛있게 먹는 채식을 더 많이 소개하기 위해 점차 비건 메뉴의 비중을 높이고 있다.

누구에게나 맛있고 몸에 좋은 한 끼를 위해

상수역 4번 출구 뒤쪽으로 난 카페 골목, 일명 당인리길은 크고 작은 카페와 레스토랑, 펍과 소품 가게들이 들고 나기를 반복한다. 그 속에서 10년 동안 상수 맛집의 타이틀을 지키고 있는 곳이 있다. 샐러드 도시락 사업으로 시작해 지금은 매년 블루리본을 받고 있는 믿음직한 비건 맛집, 슬런치다.

2층짜리 낡은 벽돌 건물 1층에 있는 이곳은 간판이 없으면 지나칠 만큼 외관이 평범하다. 세월을 그대로 간직한 건물 외벽의 작은 네온사인만이 빛을 발하고 있다.

외관과 달리 실내는 꽤 넓다. 자유로운 장식은 상수동 특유의 분위기가 나고, 곳곳에 걸려 있는 그림들은 보는 재미가 있다. 테이블과 의자는 각양각색이고, 벽과 구석에 빼곡히 들어찬 화분들이 묘한 조화를 이룬다.

1 _ 빈티지한 가구와 모던한 인테리어가 어우러진 슬런치 내부.
2 _ 무릎 담요가 준비되어 있어 쌀쌀한 날씨에도 테라스를 이용하는 손님이 많다.
3 _ 누구에게나 맛있고 몸에 좋은 한 끼를 소개하는 슬런치의 다양한 메뉴들.

4

5

슬런치(Slunch)는 slow와 lunch의 합성어로, 이곳은 이름처럼 천천히 여유롭게 즐기는 식사를 지향한다. 창업 당시에는 비건 메뉴가 전체 메뉴의 절반에 가까웠음에도 매출은 전체의 15% 정도밖에 되지 않았다. 하지만 지금은 매출의 70~80%를 차지할 정도로 찾는 이가 많아졌다. 특히 채식 메뉴가 단계별로 준비되어 있어 낮은 단계의 채식주의자와 높은 단계인 비건이 함께 식사를 즐길 수 있다. 비건이 버섯 들깨 덮밥을 먹을 때 어류를 허용하는 페스코 베지테리언은 새우 바질페스토 피자를 먹으면 된다. 메뉴를 리뉴얼할 때마다 동물성 메뉴를 조금씩 줄여 현재는 페스코 베지테리언 단계까지만 판매하고 있다.

슬런치는 식물성이든 동물성이든 몸에 좋고 맛있는 음식을 만들기 위해 노력한다. 맵고 짜고 자극적인 음식이 아니라 재료 본연의 맛을 느낄 수 있는 요리를 연구한다. 비건식이라고 맛을 양보하지 않으며, 메뉴 개발부터 까다롭게 진행하고, 완성된 레시피는 철저하게 유지한다. 10년이 넘도록 많은 이들에게 사랑받는 이유다.

---

4 _ 투박하고 평범한 외관에서 네온사인만이 슬런치임을 알려준다.

5 _ 슬런치의 메뉴는 파스타, 피자, 샐러드 등 이탈리아 음식이 주를 이루지만 버섯 들깨 덮밥 등의 한식도 소개한다.

Interview

슬런치

이현아 대표

"채식을 알리고 음식 문화의 다양성을 공유하고 싶어요"

2011년 슬런치라는 이름으로 샐러드 도시락을 온라인 판매하면서 사업을 시작했습니다. 홍대에서 10년 가까이 자취하던 동갑내기 동기 4명이 의기투합했죠. 우리처럼 자취하면서 운동도 안 하고 밥도 잘 안 챙기는 사람들을 위해 맛있고 신선한 샐러드와 과일을 날마다 배달해보자는 취지였어요.

다행히 매출이 금방 늘었고, 건강에 좋은 도시락이라는 브랜드 이미지가 구축되면서 2012년 4월에 지금의 슬런치를 오픈했어요. 이후 샐러드를 당일 배송하는 대기업들이 속속 등장하면서 5년 정도 운영하던 샐러드 도시락 공장을 정리했어요. 지금은 슬런치 매장

운영에 집중하고 있습니다.

저는 채식주의자는 아니에요. 채식을 다양한 음식 문화 중 하나로 생각합니다. 샐러드 도시락의 브랜드 이미지를 확장하면서 건강에 좋은 음식을 제공하는 레스토랑을 여는 것이 목표였어요. 특히 채식을 알리고 음식 문화의 다양성을 자연스럽게 공유하고 싶었죠. 그런 이유로 채식주의자만을 위한 식당이 아니라 채식을 경험하고 싶어 하는 사람들 모두가 즐길 수 있도록 단계별 채식 메뉴가 있는 레스토랑으로 콘셉트를 잡게 된 거예요.

채식이든 비건식이든 채식을 선택하는 이유는 각자 다를 거예요. 하지만 어떤 이유에서 시작하든 결과는 같다고 생각해요. 건강을 지키고, 동물권을 존중하고, 환경을 보호하고, 자원을 낭비하지 않는 것이죠. 앞으로 비건 인구가 많아지면서 식생활뿐 아니라 라이프 스타일도 많이 달라질 거예요.

냉동 유통이 가능한 비건 식품 제조 프로젝트를 준비하고 있어요. 비건 요리를 집에서도 손쉽게 만들어 먹을 수 있도록 다양한 제품 모델을 연구 중이에요. 꾸준히 커질 채식 시장을 기대하고 있습니다.

자연주의 비건 피자, 베짜

슬런치의 두 번째 매장인 베짜는 비건 피자 전문점이다. 1970년대 주택의 문짝을 식탁으로 만들고 천장의 장식을 조명 장치로 바꾸는 등 업사이클링 인테리어로 꾸몄다. 비건 치즈와 식물성 재료를 사용해 건강하고 순한 맛이 특징이다.

주소 서울시 서대문구 증가로 42, 1층

문의 02-6271-9876

산뜻한 토마토와 오이, 양파에 올리브오일 드레싱으로 이국적
인 맛을 더한 샐러드, 중동의 전통 빵인 피타, 병아리콩 후무
스가 어우러진 모로코식 한 끼다.

recipe 1

모로칸 샐러드 & 후무스 & 피타

Ingredient _ 1인분

피타 1개(70g)
토마토(작은 것) 1개
당근 1/2개
오이 1/2개
비트 1/2개
적근대 · 로메인 · 케일 50g
올리브 슬라이스 1큰술
다진 양파 1큰술
파슬리 가루 조금

올리브오일 드레싱

레몬주스 10mL
레몬청 시럽 10mL
엑스트라 버진 올리브오일 50mL
소금 조금
후춧가루 조금

후무스

병아리콩 50g
엑스트라 버진 올리브오일 적당량
소금 조금
후춧가루 조금

How to cook

1 달군 팬에 기름 없이 피타를 앞뒤로 3분씩 구워 반 자른다.

2 병아리콩은 하루 정도 불린다. 30분 정도 삶아 건져 나머지 후무스 재료와 함께 믹서로 간다.

3 토마토는 먹기 좋게 자른다. 당근과 오이는 작게 썰고, 비트는 채 썬다.

4 적근대, 로메인, 케일은 깨끗이 씻어 먹기 좋게 자른다.

5 올리브오일 드레싱 재료를 모두 섞는다.

6 준비한 채소를 한데 담고 올리브오일 드레싱을 넣어 섞는다.

7 접시에 ⑥의 샐러드를 담고 ②의 후무스를 올린 뒤 파슬리 가루를 뿌린다. 피타를 곁들인다.

Tip

샐러드용 채소는 좋아하는 채소를 쓰면 된다. 채소를 보관할 때는 비닐봉지에 종이타월을 깔고 조금씩 나눠 담은 뒤 비닐봉지 아랫부분에 구멍을 뚫어두면 싱싱함이 좀 더 오래 간다.

병아리콩으로 만든 후무스는 담백한 피타와 잘 어울린다. 샐러드와 함께 먹으면 영양 균형이 잘 맞는다.

구멍이 있어 소스가 쏙쏙 잘 배는 팬네는 토마토소스와 특히 잘 어울린다. 토마토 외에 가지, 주키니 등을 듬뿍 넣어 다양한 맛과 질감을 살렸다.

recipe 2

루콜라 생토마토 펜네

Ingredient _ 1인분

펜네 140g
가지 1/2개
주키니(돼지호박) 1/2개
토마토 1/2개
토마토소스 180mL
루콜라 적당량
소금 조금
후춧가루 조금
올리브오일 적당량

How to cook

1 가지는 사방 2cm 크기로 깍둑썰기 하고, 주키니는 작게 깍둑썰기 한다. 토마토와 루콜라는 먹기 좋게 썬다.

2 달군 팬에 올리브오일을 두르고 주키니를 소금과 후춧가루로 간해 살짝 볶는다.

3 끓는 물에 소금을 조금 넣고 팬네를 삶아 건져 올리브오일을 뿌려 둔다.

4 달군 팬에 올리브오일을 두르고 토마토소스를 넣어 끓이다가 가지와 토마토, 주키니, 삶은 팬네를 넣고 살짝 더 볶는다.

5 그릇에 ④를 담고 루콜라를 올린다.

Tip

토마토소스는 시판 제품을 사용해도 좋고, 홀토마토와 향신료를 뭉근히 끓여 만들어도 좋다.

이탈리아 요리에 많이 쓰는 채소인 루콜라는 아삭하고 향긋해 피자와 파스타에 곁들이면 맛있다.

으깬 아보카도로 만든 멕시코 요리 과카몰리를 피자에 올리면 맛있는 비건 피자가 된다. 과카몰리는 나초나 빵에 올려 먹어도 맛있다.

recipe 3

과카몰리 비건 피자

Ingredient _ 2인분

토르티야 1장
가지 1개
주키니 1개
슈레드 비건 치즈 70g
비건 모차렐라 치즈 큐브 4개
소금 조금
후춧가루 조금
올리브오일 적당량

마르게리타 소스

양파 1/4개
다진 마늘 3큰술
홀토마토 400g
오레가노 20g
바질 20g
월계수 잎 6장
소금 조금
후춧가루 조금

과카몰리

아보카도 1개
할라피뇨 10g
토마토소스 30g
소금 조금
후춧가루 조금

How to cook

1 냄비에 마르게리타 소스 재료를 넣고 중약불에서 저어가며 끓인다.
2 가지와 주키니는 필러로 얇고 길게 깎는다.
3 토르티야에 마르게리타 소스를 듬뿍 바르고 슈레드 비건 치즈를 골고루 뿌린다.
4 ④에 가지와 주키니를 얹고 바깥쪽에 과카몰리를 한 숟가락씩 올린다.
5 ⑤에 소금과 후춧가루를 뿌리고 비건 모차렐라 치즈 큐브를 올린다.
6 180℃로 예열한 오븐에 ⑥을 넣어 7분 정도 굽는다.
7 구운 피자에 올리브오일을 뿌리고 8등분한다.

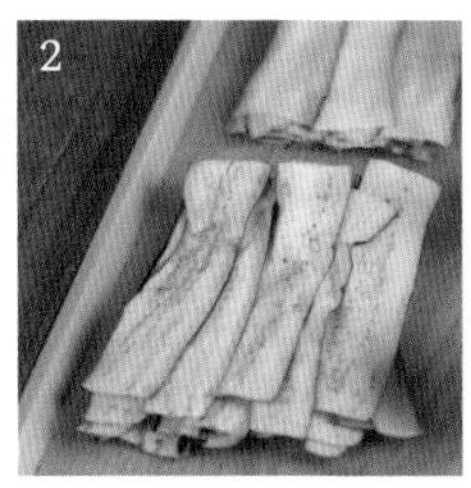
2

6

Tip

비건 치즈는 맛과 질감이 좋아 피자 등 음식의 풍미를 살린다. 종류가 다양해 요리에 맞게 골라 사용할 수 있다.

버섯이 듬뿍 들어가 향긋하고 씹는 맛도 좋은 별미 밥. 들깨와
두유가 만나 고소함이 두 배인 비건 건강식이다.

recipe 4

버섯 들깨 덮밥

Ingredient _ 1인분

밥 1공기
새송이버섯 1줌
느타리버섯 1줌
두유 180mL
들깻가루 2큰술
다진 마늘 1큰술
어린잎채소 적당량
소금 조금
후춧가루 조금
올리브오일 적당량

How to cook

1 버섯은 손질해 먹기 좋게 썬다.

2 달군 팬에 올리브오일을 두르고 다진 마늘을 볶다가 버섯을 넣어 볶는다. 소금, 후춧가루로 간을 한다.

3 냄비에 두유와 들깻가루를 넣고 소금으로 간해 중약불에서 걸쭉해질 때까지 끓인다.

4 ③에 볶은 버섯을 넣어 한소끔 끓인다.

5 그릇에 따뜻한 밥을 담고 ④의 소스를 끼얹는다. 올리브오일과 후춧가루를 뿌리고 어린잎채소를 올린다.

Tip

채소볶음에 들깻가루를 넣으면 고소한 맛이 좋다. 볶음 요리에 들깻가루를 넣을 때는 마지막 단계에 넣어 살짝만 익힌다.

마지막에 후춧가루 대신 통후추를 바로 갈아 뿌리면 더 향이 좋다.

슬런치에서 특별히 소개하는 한식 메뉴다. 된장 소스에 두부까지, 비건에게 필요한 식물성 단백질이 꽉 차 있다.

recipe 5

된장 소스 가지 두부 밥

Ingredient _ 1인분

밥 1공기
가지 1/2개
두부 1/4모
다진 마늘 1큰술
소금 조금
후춧가루 조금
올리브오일 적당량
물 50mL

된장 소스

된장 25g
생강 13g
물 50mL

How to cook

1 가지는 2cm 크기로 깍둑썰기 한다. 두부는 으깬다.

2 달군 팬에 올리브오일을 두르고 다진 마늘을 볶다가 가지를 넣고 볶는다. 소금, 후춧가루로 간을 한다.

3 된장 재료를 믹서에 넣어 간다.

4 냄비에 물을 넣고 ③의 된장 소스를 5큰술 풀어 한소끔 끓인다.

5 ④에 볶은 가지와 으깬 두부를 넣어 조금 더 끓인다. 간을 보아 부족하면 소금과 후춧가루를 더 넣는다.

6 접시에 따뜻한 밥을 담고 ⑤를 곁들인다.
* 통깨, 레드 페퍼, 고추기름을 살짝 뿌리면 더 맛있다.

Tip

된장 소스 가지 두부 밥에 통깨, 레드 페퍼, 고추기름을 뿌리면 더 맛있다

된장 소스 가지 두부 밥에 간단한 샐러드나 피클을 곁들여 먹으면 좋다.

현지인 셰프들이 만드는
진짜 태국식 비건 요리

꿍탈레

Kungthale

신사동 가로수길에 있는 꿍탈레는 현지인 셰프들이 직접 만드는 다양한 태국 음식을 맛볼 수 있는 곳이다. 쌀국수와 똠얌꿍, 푸팟퐁커리 등 우리에게 잘 알려진 태국 요리는 물론 태국식 생선튀김이나 레드 커리, 그린 커리 등 현지인들이 즐겨 먹는 메뉴들도 다양해 이국적인 요리를 좋아하는 이들이 많이 찾는다. 특히 비건 선택이 가능한 메뉴가 많아 비건들에게도 인기 만점이다.

서울시 강남구 압구정로10길 14 2층

0507-1341-5358

www.instagram.com/kungthale

똠얌 쌀국수 1만2천 원, 팟타이 1만3천 원, 뿌님팟퐁커리 2만7천 원, 솜땀 1만2천 원, 얌운센 1만4천 원

홈메이드 소스로 태국 비건의 진수를 선보이다

꿍탈레는 새우 바다라는 뜻의 태국어다. 권현일 대표는 2014년 우리나라에 처음으로 징거미새우를 수입했다. 그러나 잘 알려지지 않은 품종이었고 가격도 비싼 편이어서 판매가 쉽지 않았다고 한다. 맛과 질감이 뛰어난 징거미새우를 국내에서 어떻게 소비할지 고심한 끝에 징거미새우로 태국 현지 음식을 만들어 팔아야겠다고 결심해 태국 음식 전문 레스토랑을 열었다. 그것이 바로 지금의 꿍탈레다.

꿍탈레에 들어서면 이국적인 인테리어가 먼저 눈에 들어온다. 천장에 걸린 형형색색의 우산 장식은 동남아시아의 향기가 풍기고, 라탄 의자와 나뭇결이 살아있는 테이블, 짚으로 만든 조명 등은 자연주의 느낌이 물씬 난다. 주렁주렁 매달린 코코넛과 독특한 은그릇, 다양한 조명기구 등 곳곳을 채우고 있는 태국 전통 소품들은 권현일 대표가 직접 태국에서 사 온 것이다.

가로수길이라는 위치의 특성상 손님들도 다양하다. 평일에는 직장인들, 주말에는 쇼핑객들이 찾으며, 외국인들도 적지 않다. 태국 현지의 맛을 내면서 글로벌 손님 모두의

1 _ 천장의 알록달록한 우산 장식이 눈길을 끄는 꿍탈레의 인테리어.
2 _ 꿍탈레는 태국 현지식의 기본을 지키면서 누구나 좋아할 대중적인 맛을 내기 위해 노력한다.

입맛을 충족시킬 수 있었던 것은 꿍탈레의 셰프들이 태국의 오성급 호텔 출신이기 때문이다. 그들은 기본을 지키면서 대중적인 맛을 내는 데 성공했다.

꿍탈레에서 특히 강조하는 건 소스다. 소스만 맛있게 만들어놓으면 여러 재료로 다양한 요리를 만들 수 있다고 한다. 그래서 꿍탈레만의 핸드메이드 소스를 만들어놓는다. 기본이 되는 모든 소스를 비건으로 만들어놓은 뒤 고기, 해산물, 두부 등 주재료를 바꿔 일반식과 비건식을 구분해 제공한다. 태국은 우리나라보다 먼저 비건 문화가 발달했다. 태국 출신의 꿍탈레 셰프들이 비건식에 대한 이해가 풍부해 이 같은 방식으로 기존 메뉴를 비건 메뉴로 바꾸는 것이 가능했다. 비건식이 가능한 메뉴들을 메뉴판에 표시해놓고 골라 먹을 수 있도록 준비해 놓았다.

3 _ 가로수길 중심에 위치해 외국인이나 관광객들이 많이 찾는다.
4 _ 주방 위의 칠판에는 그 날의 추천 메뉴, 제철 재료로 만드는 맛있는 메뉴들이 적혀 있다.

Interview

꿍탈레

암낫 셰프
조 셰프

각자의 문화를 존중해 비건과 논비건이 어울려 식사하면 좋지 않을까요?

일반식을 주로 하는 레스토랑에서 비건 메뉴를 취급하는 게 쉬운 일은 아니에요. 비건식이란 게 그냥 고기만 빼면 되는 게 아니거든요. 비건을 위한 기본 소스를 만들어놔야 하고, 재료 외에 조리도구나 그릇도 모두 비건식용을 따로 준비해야 해요. 이런 준비가 쉽지 않아 한동안 비건 메뉴를 뺄까 하는 생각도 했었어요. 하지만 비건식을 먹기 위해 일부러 멀리서 찾아오시는 손님들이나 10년 만에 가족들과 외식을 한다며 행복해하시던 비건 손님을 생각하면 뺄 수가 없더라고요.

왼쪽부터 조 셰프, 암낫 셰프

태국 음식은 소스가 아주 많아요. 커리만 해도 레드 커리, 그린 커리, 옐로 커리 등 다양하죠. 강황이 든 옐로 커리 말고 태국에서 많이 먹는 레드 커리와 그린 커리는 고추와 코코넛 밀크를 가지고 만들어요. 그런데 한국에서는 독특한 향이 나는 태국의 매운 고추를 구하기가 어려워서 최대한 비슷한 맛과 향이 나는 청양고추를 찾아 그린 커리를 만듭니다.

태국 음식의 대표 메뉴인 팟타이도 유기농 팜 슈거와 타마린드가 가장 중요한 재료인데, 현지의 맛을 잘 내기까지 많은 공을 들였어요. 타마린드는 새콤한 맛이 나는 일종의 콩이에요. 발효시키거나 페이스트로 만들어 쓰는데, 이걸 직접 손으로 뭉개 수제 소스를 만들어 원하는 맛을 구현했죠. 이렇게 기본 소스를 식물성으로 만들어놓으니 일반식과 비건식을 함께 만드는 것이 가능해졌어요.

태국의 음식점은 대부분 비건 선택 메뉴가 있고 비건과 논비건이 어울려 식사하는 것이 자연스러워요. 하지만 한국은 아직 비건에 대한 편견이 좀 있는 것 같아요. 왜 채식인가? 비건인가? 하고 물으면 각자 이유가 다를 거예요. 예전에는 건강을 위해 채식을 했지만, 요즘은 동물권이나 환경을 위해 비건이 된 사람들이 많아요. 태국은 종교적으로 채식을 이해하고 접근하는 사람들이 더 많습니다.

이것은 맞고 저것은 틀리다고 생각할 필요 있을까요? 각자의 문화를 자연스럽게 받아들이고 존중하면 되지 않을까요? 앞으로는 한국에서도 많은 식당이 꿍탈레처럼 비건식과 일반식을 함께 취급하면 좋겠습니다.

부드러운 코코넛 밀크와 매콤한 청양고추로 만든 특제 그린 커리는 꿍탈레의 인기 메뉴다. 고기나 해산물 대신 부드러운 연두부를 넣어 만든다.

recipe 1

그린 커리

Ingredient _ 1인분

연두부 1개
양파 100g
죽순 100g
당근 10g
단호박 10g
청양고추 70g
레몬잎 10g
코코넛 밀크 250g
팜 슈거 1큰술
소금 1작은술
물 400mL

How to cook

1 청양고추는 믹서에 넣어 간다.

2 냄비에 간 청양고추와 코코넛 밀크를 넣고 약한 불에서 20~30분 저어가며 끓인다.

3 양파, 죽순, 당근, 단호박은 굵게 채 썬다.

4 ②가 고추장 정도의 농도가 되면 물 200mL를 넣고 채 썬 채소와 레몬 잎을 넣어 끓인다.

5 ④에 물 200mL를 더 넣고 소금과 팜 슈거로 간을 한다.

6 연두부를 숭덩숭덩 잘라 넣는다.

Tip

비타민과 식이섬유, 미네랄이 풍부하게 들어 있는 코코넛 밀크는 태국 요리에 많이 쓰는 재료다. 비건식에 우유나 크림, 치즈 대신 넣기 좋다.

그린 커리는 찰기가 없는 안남미와 함께 먹으면 잘 어울린다.

피시 소스를 넣지 않아도 새콤달콤 감칠맛이 나는 비건 팟타이. 해산물이나 고기 대신 튀긴 두부를 넣어 담백하고 고소한 맛을 더했다.

recipe 2

팟타이

Ingredient _ 1인분

쌀국수 60g
두부 1/2모
양파 50g
당근 10g
숙주 조금
부추 조금
녹말가루 적당량
식용유 적당량
물 15mL

팟타이 소스

고형 타마린드 50g
팜 슈거 20g
설탕 20g
소금 1작은술
칠리소스 5g
토마토소스 5g
물 200mL

* 토마토소스가 없으면 토마토케첩을 넣어도 된다.

How to cook

1 뜨거운 물 200mL에 팜 슈거를 녹인다.

2 타마린드는 씨를 손으로 으깬 뒤 ①에 넣어 푼다.

3 냄비에 ②를 넣고 설탕, 소금, 칠리소스, 토마토소스를 넣어 약한 불에 1시간 정도 걸쭉해질 때까지 끓인다.

4 양파와 당근은 채 썬다. 두부는 먹기 좋게 썰어 물기를 뺀 뒤 녹말가루를 살짝 묻힌다.

5 달군 팬에 식용유를 두르고 두부를 노릇하게 튀긴다.

6 쌀국수는 물에 불려 물기를 뺀다.

7 달군 팬에 식용유를 두르고 쌀국수를 2분 정도 볶는다.

8 ⑦에 양파와 당근을 넣어 볶다가 물을 1큰술 넣고 더 익힌다.

9 ⑧에 ③의 소스를 넣어 섞듯이 볶은 뒤 튀긴 두부를 넣고 버무린다. 숙주와 부추를 넣는다.

Tip

팟타이 소스의 핵심은 타마린드와 팜 슈거다. 온라인 몰에서 어렵지 않게 구할 수 있다. 집에서 정통 소스를 만들기 어렵다면 시판 소스를 활용해도 좋다.

똠얌은 맵고 신 국물 맛이 특징인 태국의 전통 수프다. 레몬그라스와 라임 잎이 시큼한 맛을 내는데, 요즘은 살 수 있는 곳이 많으니 요리에 도전해볼 만하다.

recipe 3

비건 똠얌

*Ingredient*_1인분

연두부 1개
청경채 50g
방울토마토 3개
쪽파 1뿌리
마늘 2쪽
태국 고추 1/2개
청양고추 15g
홍고추 55g
코코넛 밀크 250g
레몬즙(또는 레몬주스) 100g
갈랑가(또는 생강) 5g
레몬그라스 5g
레몬 잎 3~4개
설탕 1작은술
소금 1작은술

How to cook

1 청양고추와 홍고추를 믹서에 넣어 간다.

2 간 고추를 냄비에 넣고 코코넛 밀크를 넣어 약한 불에서 20~30분 저어가며 끓인다.

3 ②가 고추장 정도의 농도가 되면 물을 넣고 레몬즙, 갈랑가, 레몬그라스, 레몬 잎, 소금, 설탕을 넣어 더 끓인다.

4 청경채는 먹기 좋게 썰고, 방울토마토는 반 자른다. 쪽파는 송송 썰고, 마늘은 저민다. 태국 고추는 다진다.
* 태국 고추는 생것을 쓰는 것이 좋지만 없다면 마른 고추를 쓴다.

5 ③에 준비한 채소를 넣고 한소금 끓인 뒤 연두부를 한입 크기로 잘라 넣는다.

Tip

현지식의 맛을 살리려면 갈랑가와 태국 고추를 사용하는 게 좋다. 구하기 어렵다면 생강과 마른 고추로 대체한다.

쏨땀은 그린 파파야로 만드는 태국식 샐러드다. 원래는 피시 소스를 넣는데 비건 얍 소스를 이용해 비건식으로 만들어 먹을 수 있다.

쏨땀

Ingredient _ 1인분

파파야 100g
당근 10g
방울토마토 2개
다진 마늘 1작은술
태국 고춧가루 1작은술
굵은 소금 조금
땅콩 조금

비건 얌 소스

설탕 1큰술
간장 1큰술
레몬즙(또는 레몬주스) 1큰술
뜨거운 물 50mL

How to cook

1 비건 얌소스 재료를 고루 섞어 차게 식힌다.

2 파파야와 당근은 채 썰어 굵은 소금을 뿌린다. 30분 정도 절여 물기를 꼭 짠다.

3 방울토마토와 다진 마늘, 태국 고춧가루, 비건 얌 소스를 한데 담고 토마토가 으깨질 때까지 빻아 섞는다.

4 절인 파파야와 당근에 소스를 넣어 버무린다.

5 그릇에 쏨땀을 담고 땅콩을 뿌린다.

Tip

소스를 만들 때 믹서에 가는 것보다 절구에 빻는 게 좋다. 재료의 입자가 살아있어 더 맛있는 솜땀이 된다.

그린 파파야가 없을 때는 참외나 오이를 쓴다. 맛과 질감이 가장 비슷하다.

얌운센은 태국식 누들 샐러드다. 녹두 녹말로 만든 국수에 다양한 채소를 넣고 매콤새콤하게 버무려 먹는다. 매운맛을 좋아하면 칠리소스 대신 스리라차 소스를 넣어도 좋다.

recipe 5

얌운센

Ingredient _ 1인분

글라스 누들(녹두 국수) 80g
셀러리 10g
양파 10g
당근 10g
새송이버섯 1/2개
칠리소스 1큰술
다진 마늘 1작은술
태국 고추 1/2개
땅콩 조금

비건 얌 소스

설탕 1큰술
간장 1큰술
레몬즙(또는 레몬주스) 1큰술
뜨거운 물 50mL

How to cook

1 비건 얌 소스 재료를 고루 섞어 차게 식힌다.
2 글라스 누들은 끓는 물에 약 5분간 삶아 물기를 뺀다.
3 셀러리와 양파, 당근, 새송이버섯은 채 썰고, 태국 고추는 다진다.
4 비건 얌 소스에 삶은 글라스 누들과 채소, 버섯을 넣고 칠리소스와 다진 마늘, 다진 고추를 넣어 버무린다.
5 그릇에 얌운센을 담고 땅콩을 뿌린다.

Tip

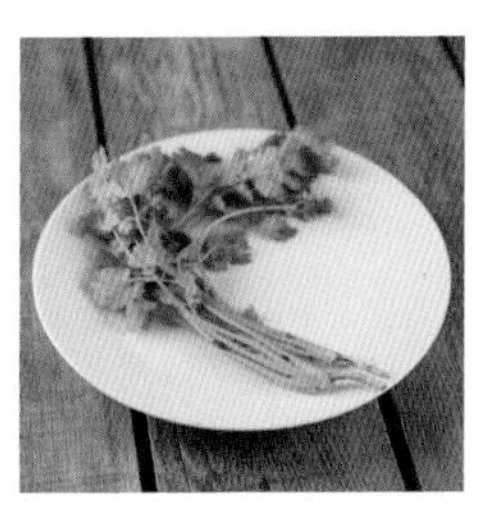

쌀국수나 국물 요리에 많이 넣는 고수를 얌운센에 넣어도 독특한 향이 좋다.

태국 음식에 풍미를 더하는 태국 고춧가루와 고추 피클.

서울시 서대문구 신촌역로 22 박스퀘어 2층

010-2783-1886

instagram.com/vege_the_bear

이불덮밥 7천3백 원, 덤불덮밥 7천5백 원,
토마토 함박스테이크 세트 8천9백 원

20대 젊은 취향을 저격한
청년 식당

베지베어

Vegi bear

이대 앞 박스퀘어 2층에 자리 잡은 베지베어. 이곳은 비건 문화를 지지하고 비건들을 위한 맛있고 간편한 음식을 제공하는 젊은 식당이다. 합리적인 가격의 대중적인 비건 음식을 100% 비건으로 소개한다. 파스타나 샐러드 같은 양식이 아닌 한식 위주로 양념을 개발해 비건, 논비건 누구나 즐길 수 있다. 테이크아웃도 가능한데 텀블러나 도시락을 가져오면 할인 혜택도 준다.

합리적인 가격의 대중적인 비건식을 소개하다

신촌 기차역 맞은편에 있는 복합 문화 공간 박스퀘어는 서대문구가 이화여대 앞 노점상들을 한자리에 모으고 청년 창업을 지원하기 위해 설립한 공공임대 상업공간이다. 2층은 공모를 통해 선발된 청년창업자들의 공간으로 꾸며져 있는데, 그중 한 곳이 베지베어다.

1 _ 베지베어의 시그니처 메뉴인 이불덮밥. 된장 소스와 고추장 소스 중 골라서 먹을 수 있다.
2 _ 주방 앞에 키오스크가 준비되어 있어 편하게 주문할 수 있다.

베지베어는 이화여대 재학생 3명이 의기투합해 창업했다. 2019년 4월 청년키움식당 프로젝트로 출발해 청년 외식 창업 경진대회에서 직접 개발한 비건 메뉴로 1등을 차지한 후, 같은 해 9월 이곳에 정식 오픈했다.

컨테이너를 연상시키는 박스와 광장을 의미하는 스퀘어를 합쳐 이름 지은 박스퀘어는 총 3층으로 되어 있는데 2층에 작은 식당들이 모여 있다. 주방은 각자 쓰고 테이블은 함께 쓰는 형식이다. 주문은 무인판매기로 한다. 소비자는 간편하게 음식을 주문할 수 있고, 판매자는 음식 준비에 집중할 수 있어 편리하다.

베지베어는 학생들이 부담 없이 먹을 수 있는 합리적인 가격대의 음식, 비건이 아닌 이들도 누구나 맛있게 먹을 수 있는 대중적인 맛의 비건식을 추구한다. 조리 공간이 작아 메뉴는 많지 않다. 콩고기 덮밥과 토마토 함박스테이크 세트 등 상시 판매하는 메뉴는 5가지 정도이고, 겨울에 칼칼하고 따뜻한 토마토 스튜, 여름에 시원한 채식 냉면, 명절에 콩고기 떡갈비를 선보이는 등 그때그때 시즌 메뉴를 준비한다. 가장 인기 있는 메뉴는 콩고기에 양파와 대파를 곁들이고 된장과 고추장으로 맛을 낸 덮밥이다. 다양한 양념 조합을 시도하고 채소를 강한 불에 볶아 감칠맛을 내는 데 성공했다.

요즘은 학생 손님보다 소문 듣고 일부러 찾아오는 손님들이 더 많아졌다. 베지베어는 다양해지는 소비층을 분석해 비건 메뉴를 개발하고 적극적인 SNS 마케팅을 펼치는 등 더 많은 이들에게 맛있는 비건식을 소개하기 위해 노력하고 있다.

3

3 _ 논비건들이 특히 좋아하는 토마토 함박스테이크. 새콤달콤한 소스 맛이 일품이다.

왼쪽부터 고다현 대표, 조은하 대표, 민성주 대표

Interview

베지베어

민성주 대표
조은하 대표
고다현 대표

"비건식은 친환경, 동물 보호, 건강을 위한 비건 라이프의 출발점입니다"

민성주 대표

가족 중에 비건이 있어서 어릴 적부터 삶에 자연스럽게 적용하긴 했어요. 그러다가 비건에 관한 책을 읽고 완전히 비건이 되었죠. 식생활이 바뀌니 집에서 생전 안 하던 요리를 시작하게 되었고, 비건 식당 창업에 대해 구체적인 계획이 생겼어요. 저처럼 학교에서 식사할 곳이 마땅치 않은 학생들을 위해 비건 식당이 있으면 좋겠다는 생각, 그게 베지베어의 출발이에요.

비건 라이프의 출발점이 비건식이 되는 경우가 많아요. 비건식을 먹어보고 맛있으면 비건이 궁금해지고, 비거니즘을 이해하게 되고,

생활양식이 조금씩 변화하는 거죠. 그런 뜻에서 저희 셋이 함께 비건 식당을 운영하면서 느낀 점들을 모아 비거니즘 에세이를 준비하고 있습니다.

조은하 대표

저는 탄력적인 채식을 하는 플렉시테리언이에요. 워낙 요리를 좋아하고 소비자학을 전공하면서 레스토랑 창업을 꿈꿨어요. 기회가 되어 청년키움식당 프로젝트에 참여했고 두 친구를 만나 베지베어를 함께 운영하게 되었죠.

식당 창업을 준비하면서 비건식에 대해 많이 공부하고 다른 제품도 연구했어요. 학생들은 아무래도 간편하게 먹을 수 있는 비건 음식을 많이 찾는데, 꼼꼼히 살펴보면 넣으면 안 되는 재료를 넣은 음식도 버젓이 비건식으로 팔리고 있더라고요. 그래서 식당 운영과 함께 비건의 생활 윤리와 기본 철학에 대해서도 소개하려고 SNS 활동을 적극적으로 하고 있어요.

고다현 대표

전 비건은 아니지만 식품영양학을 전공해서 다양한 음식 문화를 연구해왔어요. 병원식 등 특수식을 개발하다 비건식에도 관심을 갖게 되었죠. 셋이 모여 메뉴를 개발하면서도 저는 일반식을 기준으로 맛을 평가해요. 저희 식당에는 비건들만 오는 게 아니거든요. 모두가 즐길 수 있는 대중적인 메뉴를 만들어 많은 이들에게 비건 음식도 맛있다는 인식을 심어드리고 싶어요.

베지베어라는 브랜드로 비건 밀키트나 HMR(가정대용식)도 개발하려고 준비 중입니다.

아삭아삭 씹히는 콩나물과 매콤하게 양념한 콩고기로 만든 콩나물 불고기. 콩고기와 채소, 기본양념만 있으면 간단하게 만들 수 있다.

recipe 1

매콤한 콩불

Ingredient _ 2~3인분

콩고기 100g
콩나물 300g(1봉지)
새송이버섯 2개
양파 1/2개
대파 2대
청양고추 2개
깻잎 10장
통깨 조금
식용유 적당량

양념

다진 마늘 2큰술
고추장 2큰술
고춧가루 2큰술
설탕 2큰술
올리고당 2큰술
간장 2큰술

How to cook

1 양념 재료를 모두 섞는다.
2 버섯과 양파, 대파, 청양고추, 깻잎은 채 썬다. 콩나물은 씻어 물기를 뺀다.
3 달군 팬에 식용유를 두르고 콩고기를 살짝 볶는다.
4 ③에 콩나물을 넣어 볶는다.
5 콩나물이 어느 정도 익으면 채 썬 버섯과 채소를 넣어 볶는다.
6 ⑤에 ①의 양념을 넣어 볶는다.
7 그릇에 콩나물 불고기를 담고 통깨를 뿌린다.

Tip

콩나물과 콩고기는 맛과 질감이 잘 어울리는 환상의 조합이다. 콩나물의 아삭함을 살리고 싶다면 고기와 함께 볶지 말고 따로 삶아 양념한 고기와 버무린다.

자작하게 만들어 상추, 깻잎 등으로 쌈을 싸 먹어도 좋고, 국물에 밥을 비벼 먹어도 맛있다.

찬바람이 불면 생각하는 따뜻한 국물 요리. 각종 채소를 듬뿍 넣고 푹 끓인 토마토 스튜는 겨울에 특히 인기 좋은 시즌 메뉴다. 밥과 함께 먹어도 좋고 바게트를 찍어 먹어도 맛있다.

recipe 2

토마토 스튜

Ingredient _ 2~3인분

새송이버섯 3개
가지 1개
감자 1개
당근 1/4개
애호박 1/4개
양파 1/2개
마늘 6쪽
비건 버터 20g
홀토마토 400g
월계수 잎 3장
설탕 조금
소금 조금
통후추 조금
파슬리 가루 조금
물 900mL

How to cook

1 새송이버섯, 가지, 감자, 당근, 애호박, 양파는 깍둑썰기 하고, 마늘은 저민다.

2 달군 팬에 버터를 녹이고 마늘과 양파를 볶는다.

3 양파가 익으면 당근과 버섯을 넣어 볶는다. 소금 1작은술을 넣고 통후추도 갈아 넣는다.

4 당근이 살짝 익으면 가지와 애호박을 넣고 좀 더 볶는다.

5 ④에 물을 붓고 월계수 잎을 넣어 15분 정도 끓인 뒤, 홀토마토와 감자를 넣고 약한 불에서 뭉근히 끓인다.

6 설탕, 소금으로 간을 맞추고 통후추를 갈아 넣는다. 파슬리 가루를 뿌린다.

Tip

월계수 잎, 통후추 등의 향신료가 스튜의 맛을 풍부하게 한다. 매콤한 맛을 좋아한다면 파프리카 가루나 고춧가루를 넣어 칼칼하게 끓인다.

약한 불로 오래 끓일수록 채소의 감칠맛이 우러난다. 토마토의 신맛을 좋아하지는 않으면 설탕을 넣어 신맛을 잡는다.

콩고기로 만든 부드럽고 쫄깃한 떡갈비. 뼈 대신 새송이버섯
이나 가래떡으로 모양을 내면 떡갈비 느낌이 살고 맛도 있다.
명절 음식으로 좋다.

recipe 3

버섯 떡갈비

Ingredient _ 2~3인분

콩고기 민스(다짐육) 230g
새송이버섯 2개
영양부추 조금
통깨 조금
참기름 조금
식용유 적당량

고기 양념

새송이버섯 1개
대파 1대
청양고추 1개
다진 마늘 1큰술
간장 3큰술
설탕 2큰술
찹쌀가루 3큰술
참기름 1큰술
통깨 1큰술
후춧가루 조금

떡갈비 양념

간장 1큰술
물 2큰술
올리고당 2큰술

How to cook

1 고기 양념의 새송이버섯과 대파, 청양고추를 다진다.

2 비건 민스에 ①과 나머지 고기 양념을 넣고 치대어 반죽한다.

3 새송이버섯은 세로로 6등분한다.

4 ②의 떡갈비 반죽을 동그랗게 빚어 새송이버섯을 감싼다.

5 달군 팬에 식용유를 두르고 ④의 떡갈비를 앞뒤로 굽는다.

6 떡갈비 양념 재료를 모두 섞는다.

7 떡갈비가 익으면 ⑥의 양념을 넣고 뚜껑을 덮어 속까지 익힌다. 통깨를 뿌리고 참기름을 살짝 바른다.

8 접시에 영양부추를 깔고 ⑦의 떡갈비를 올린다.

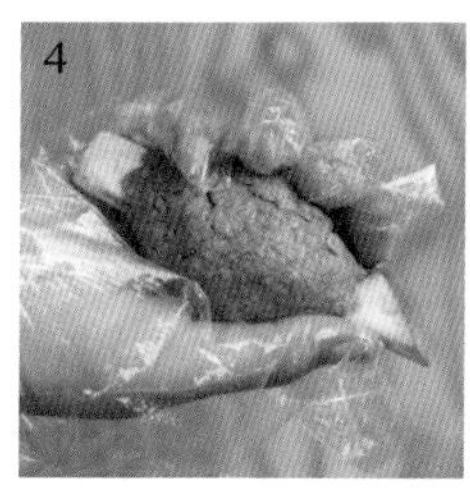
4

7

Tip

새송이버섯 대신 가래떡을 써도 좋고, 떡갈비 반죽 속에 비건 치즈를 넣어 치즈 떡갈비를 만들어도 맛있다.

참나물과 캐슈너트로 만든 향긋하고 고소한 페스토는 파스타랑 아주 잘 어울린다. 시중에서 쉽게 구할 수 있는 재료로 색다른 파스타를 즐길 수 있다.

recipe 4

참나물 페스토 파스타

Ingredient _ 1인분

스파게티 100g
통후추 조금
파슬리 가루 조금
올리브오일 조금

참나물 페스토

참나물 100g
캐슈너트 30g
두유 50mL
올리브오일 50mL
마늘 1쪽
레몬즙 1큰술
설탕 1작은술
소금 1작은술
후춧가루 조금

How to cook

1 참나물 페스토 재료를 믹서에 넣어 곱게 간다.

2 끓는 물에 소금을 조금 넣고 스파게티를 삶는다.

3 달군 팬에 올리브오일을 살짝 두르고 삶은 스파게티를 볶는다.

4 ③에 참나물 페스토를 넣어 섞는다.

5 그릇에 파스타를 담고 통후추를 갈아 뿌린다. 파슬리 가루도 뿌린다.

Tip

캐슈너트는 지방이 많아 크림을 만들 때 우유나 치즈 대신 넣으면 진하고 풍부한 맛을 낼 수 있다. 참나물 대신 바질, 미나리, 시금치 등을 써도 좋다.

비건 버터는 두유, 카카오 버터, 코코넛 오일 등 식물성 재료를 섞어 만든다.

베지베어의 인기 메뉴인 수제 소이밀크티와 함께 먹으면 더 부드럽고 맛있다.

이국적인 메뉴가 가득한
비건 아시안 다이닝

에티컬테이블

Ethical table

당근으로 만든 훈제연어, 파프리카로 만든 참치 초밥, 느타리 버섯으로 만든 비건 굴튀김 등 초밥 모양을 그대로 구현하고 맛과 질감까지 살린 일식 메뉴를 소개하고 있는 에티컬테이블. 일식뿐 아니라 다양한 아시아 음식을 비건으로 소개하면서 많은 사랑을 받고 있다. 성남에 매장을 두고 있지만 팝업 스토어 형식으로 지역을 옮겨가며 운영하기도 하니 방문 전에 체크해보면 좋다.

경기도 성남시 수정구 복정로 57 2층

0507-1352-7625

www.instagram.com/ethical_table

초밥 세트 2만~3만 원대, 굴 없는 굴튀김 5천5백 원,
명란 없는 명란마요 파스타 1만3천 원

아직 세상에 없는 독특한 비건 요리를 연구하다

흔히 비건식이라고 하면 채소가 가득한 샐러드, 두부와 콩으로 만든 요리, 콩고기 같은 대체육 등을 생각하게 된다. 한정된 비건식 중 유독 눈에 띄는 메뉴가 있다. 비건 초밥이다. 참치와 연어 등 해산물이 주재료인 초밥을 어떻게 비건으로 만들 수 있을까.

에티컬테이블은 초밥과 튀김 등의 일식 메뉴를 비건식으로 선보이고 있다. 우리나라에 비거니즘이 대중화되기 전에 일본에서 비건식을 먼저 접한 채선우 셰프는 한국에 비건 메뉴가 다양하지 않은 것을 발견하고 초밥을 중심으로 메뉴를 개발하기 시작했다. 그리고 남편인 권창환 씨와 함께 비건 요리 교육 프로그램을 만들고 레스토랑을 창업했다.

2021년 3월에 윤리적 식탁을 꿈꾸며 성남에 자리 잡은 에티컬테이블은 노출 콘크리트 천장과 젠 스타일의 테이블이 어우러져 있다. 삼면에 큰 통유리창이 있어 공간이 넓어 보이고, 손님을 위한 테이블도 거리감 있게 잘 배치되어 있다. 가장 눈에 띄는 것은 주

1

2

방이다. 작은 주방은 레스토랑 메뉴를 준비하는 공간으로 설계하고, 큰 주방은 개방형 아일랜드 식탁을 배치해 쿠킹 클래스를 할 수 있게 만들었다.

대표 메뉴는 단연 초밥 세트다. 파프리카, 버섯, 당근, 나토 등의 비건 재료로 참치, 장어, 연어, 성게알 등 알고 있는 초밥의 모습을 그대로 구현하고 초밥 특유의 맛과 질감을 살려냈다. 당근으로 만든 연어에선 독특한 훈제 향이 나고, 버섯으로 만든 굴튀김은 굴의 탱글한 질감을 그대로 느낄 수 있다. 단순히 흉내 낸 것이 아니라 재료의 특성과 맛을 파악하여 오랜 시간 공들여 개발한 메뉴라는 것을 알 수 있다.

요즘은 비건 전문 아시안 다이닝을 목표로 다양한 메뉴를 연구, 개발 중이다. 일본 외에도 베트남, 태국, 인도, 스리랑카, 대만, 중국 등의 요리를 비건으로 재현하는 데 집중하고 있다.

---

1 _ 노출된 검은 천장과 젠 스타일의 가구들이 조화를 이루는 에티컬테이블 내부.

2 _ 에티컬테이블은 대체육, 비건 소스 등을 활용해 세상 어디에도 없는 비건 아시안 메뉴를 개발한다.

3 _ 매장 입구에서 비건과 환경 관련 책들, 캠페인 브로셔를 만나볼 수 있다.

4 _ 참치 없는 참치마요, 고기 없는 미트소보로, 달걀 없는 에그마요 등 호기심을 자극하는 메뉴가 가득하다.

Interview

에티컬테이블
채선우 대표
권창환 대표

"동물과 지구, 누구도 고통받지 않는 윤리적 식탁을 꿈꿔요"

저희 부부는 20년 가까이 무역과 소싱, 해외 영업 분야에서 일했어요. 일하는 분야도 비슷했지만, 무엇보다 둘 다 동물권과 채식에 관심이 있어서 더 잘 맞았던 것 같아요. 채식을 넘어 비거니즘을 확산시키기 위한 사업 모델을 구상하기 시작했고, 2년 정도의 준비 기간을 거쳐 2017년 4월에 비건 요리 교육을 시작했습니다. 그러다가 2020년 8월에 3일간 비건 초밥으로 팝업 식당을 열었는데 반응이 뜨거웠어요. 그 식당이 지금의 성남으로 옮겨져 에티컬테이블이 탄생했어요.

사실 에티컬테이블은 저희 교육 프로그램의 일환으로 시작된 프로

왼쪽부터 채선우 대표, 권창환 대표

젝트 식당이에요. 비건 요리 지도사 자격증 과정(pf.kakao.com/_JHxgxmxl)을 운영 중인데 이 수업을 통해 비건 요리를 배워 창업하려는 교육생들의 체험장이 되기도 해요. 일반 손님에게 저희가 연구한 비건 메뉴를 다양한 방식으로 소개하는 실험적인 식당이라고 할 수 있습니다.

초밥을 다루면서 자연스럽게 해산물에 더 관심을 갖게 되었어요. 사람들은 살아있는 소나 돼지를 보면서 입맛을 다시진 않죠. 오히려 고기가 아니라 생명이라고 생각해요. 그런데 물고기는 표정이나 목소리가 없어서 그런지 상대적으로 고통에 대해 무감각한 것 같아요. 해산물을 섭취하는 식생활이 채식주의자 범주에 드는 것을 보면 알 수 있죠.

초밥의 대표적인 토핑인 참치, 연어, 오징어, 조개, 장어 등을 비건으로 꼭 표현해보고 싶었어요. 자료를 수집하고 일본 비건 요리 연구가에게 물으며 연구해서 고기 없이도 맛과 향, 질감을 구현할 수 있었어요.

비건은 누군가의 고통에 대한 저항이기 때문에 지속 가능성에 중점을 둡니다. 맛없고 비싸면 지속할 수 없어 맛과 가격에 신경 써야 해요. 아직은 비건 식재료를 구하기가 쉽지 않아 원재료부터 직접 만들어 써야 하는 점에서 품이 많이 들어 가격을 낮추기가 어렵습니다. 더 많은 사람들이 비건식을 해야 합리적인 가격에 맛있는 비건식을 오랫동안 즐길 수 있겠죠.

지금의 에티컬테이블을 한마디로 정의하라면 '아시안 비건 요리를 연구하고 교육하는 기업'이라고 말하고 싶어요. 식당과 카페에서 일식을 중심으로 한 아시안 비건 요리를 소개하고 비건 케이터링, 도시락, 밀키트 등 다양한 형태로 사업을 전개할 겁니다.

네기토로돈은 참치 뱃살을 다져서 파와 함께 버무린 일식이다. 참치 대신 완숙 토마토를 다져서 만들어 참치 뱃살의 느낌이 나면서 감칠맛이 일품이다.

recipe 1

비건 네기토로돈

*Ingredient*_1인분

밥 1공기
토마토 1개(200g)
김가루 조금

양념장

다진 실파 2큰술
다시마 간장(시판) 2~3작은술
들기름 1작은술

How to cook

1 토마토는 십자로 칼집을 내 끓는 물에 살짝 데친 뒤, 찬물에 식혀 껍질을 벗긴다.
2 데친 토마토를 8등분해 꼭지를 떼고 씨를 뺀 뒤 잘게 다진다.
3 다진 토마토를 면 보자기로 싸서 물기를 꼭 짠다.
4 양념장 재료를 모두 섞는다.
5 따뜻한 밥을 그릇에 담고 다진 토마토를 올린 뒤, 양념장을 뿌리고 김가루를 올린다.

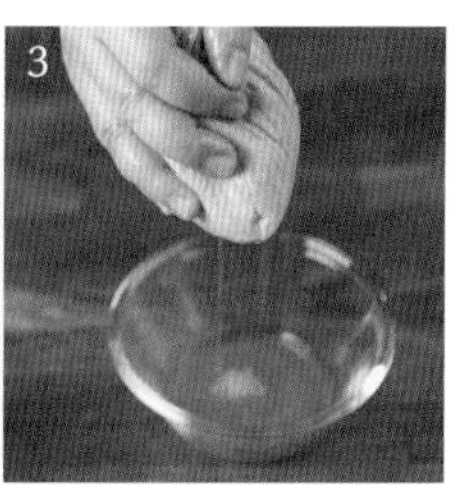

Tip

다진 토마토와 양념장을 섞은 소스는 국수를 비벼 먹거나 빵에 올려 먹어도 좋다.

오이를 갈아 넣은 중화풍 소스에 쫄면을 비벼 먹는 별미 음식.
비건 새우를 몇 개 올려 함께 먹으면 풍미가 좋다.

recipe 2

중화풍 오이 쫄면

Ingredient _ 1인분

쫄면 150g
방울토마토 1/2개
숙주 1줌
비건 새우 3~4개

양념장

오이 1개
다시마 간장(시판) 4~5큰술
참기름 1작은술
고추냉이 적당량

How to cook

1 오이는 강판에 간다.

2 다시마 간장과 참기름, 고추냉이를 섞는다. 고추냉이는 취향대로 넣는다.

3 간 오이와 ②의 양념을 섞는다.

4 끓는 물에 숙주를 넣고 숨이 죽으면 바로 꺼낸다.

5 숙주 삶은 물에 쫄면을 삶아 찬물에 헹군다.

6 방울토마토를 반 자른다.
* 토마토 외에 좋아하는 채소나 과일을 한입 크기로 썰어 넣어도 좋다.

7 삶은 쫄면에 ③의 양념장을 넣어 버무린다.

8 그릇에 버무린 쫄면을 담고 방울토마토와 비건 새우를 올린다.

Tip

비건 새우는 콩, 곤약, 해조류의 추출물 등 다양한 재료로 만든다.

오이는 믹서보다 강판에 가는 것이 더 질감이 좋다. 강판에 갈 때 새콤한 맛을 더하기 위해 레몬즙을 넣어도 좋다.

닭에 양념을 발라 탄두리라는 인도의 가마에 구워내는 탄두리 치킨을 재현한 것이다. 두부로 만들어 닭보다 훨씬 담백하고 특유의 양념 맛이 잘 느껴진다.

recipe 3

두부 탄두리구이

Ingredient _ 2인분

두부 400g
쌀가루 3큰술
비건 버터 100g

양념

비건 요구르트 200g
다진 마늘 2작은술
생강즙 2작은술
레몬즙 2큰술
시나몬 파우더 1작은술
훈제 파프리카 파우더 1큰술
카이엔 페퍼 파우더 1작은술
코리앤더 파우더 1큰술
쿠민 파우더 1큰술
카다몬 파우더 1/2큰술
강황 파우더 1/2큰술
소금 2작은술
후춧가루 1작은술

How to cook

1 두부를 면 보자기에 싸서 물기를 꼭 짠다.

2 물기 짠 두부에 쌀가루를 섞어 먹기 좋은 크기로 동글게 빚는다.

3 양념 재료를 모두 섞는다.

4 ②의 두부에 ③의 양념을 넣고 버무려 양념이 배도록 냉장고에 2~3시간 둔다.

5 달군 팬에 비건 버터를 두르고 ④의 두부를 노릇하게 굽는다. 필요하면 소스를 덧바른다.

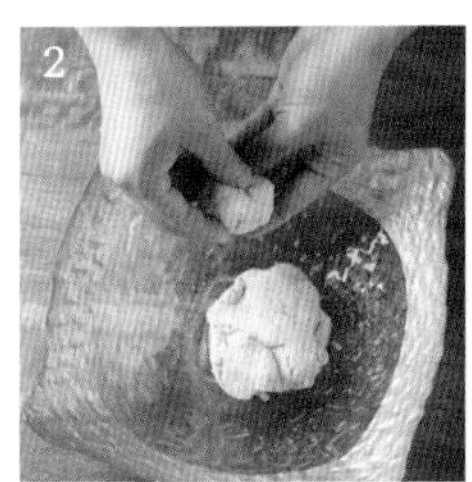

Tip

두부 탄두리구이는 담백한 맛의 인도 빵 난이나 토르티야와 함께 먹으면 잘 어울린다.

분팃느엉은 베트남 남부의 요리로 쌀국수에 채소를 넣고 새콤달콤한 피시 소스를 뿌려 먹는 요리다. 파인애플로 비건 피시 소스를 만들어놓으면 이국적인 요리를 쉽게 만들 수 있다.

recipe 4

비건 분팃느엉

*Ingredient*_1인분

쌀국수 80g
콩고기 100g
당근 1/5개
오이 1/5개
숙주 1줌
고수 적당량
비건 피시 소스 적당량
식용유 적당량

고기 양념

다진 마늘 1작은술
다진 레몬그라스 1작은술
설탕 1작은술
간장 1작은술
후춧가루 조금

How to cook

1 끓는 물에 쌀국수를 삶아 찬물에 헹군다.

2 고기 양념 재료를 모두 섞는다.

3 콩고기에 고기 양념을 넣어 버무린다.

4 달군 팬에 식용유를 두르고 양념한 콩고기를 앞뒤로 굽는다.

5 당근과 오이는 채 썰고, 숙주는 끓는 물에 데쳐 물기를 뺀다.

6 그릇에 쌀국수를 담고 콩고기와 채소를 올린 뒤 비건 피시 소스를 뿌린다.

Tip

콩고기가 없을 때는 두부를 한입 크기로 썰어서 같은 양념에 재어 굽는다.

비건 피시 소스 만들기

Ingredient

파인애플 1개, 설탕 파인애플 무게의 1/3, 물 설탕과 동량, 소금 거른 파인애플 물의 1/5, 다진 마늘 조금, 다진 홍고추 조금

How to cook

1 파인애플을 잘게 다진다.

2 다진 파인애플에 설탕과 물을 넣고 1시간 정도 삶는다.

3 ②를 걸러 소금으로 간을 한다.

4 ③에 다진 마늘과 다진 홍고추를 넣어 섞는다.

하코는 상자라는 뜻으로, 하코즈시는 네모난 틀에 층층이 쌓아 만드는 초밥이다. 알록달록 색감이 예쁜 채소를 올리면 맛도 좋고 보기도 좋아 파티 음식으로 제격이다.

recipe 5

하코즈시풍 초밥

Ingredient _ 4인분

초밥

밥 2공기

단촛물 5큰술

*단촛물은 식초, 물, 설탕을 같은 양으로 섞어 끓여 식힌다.

가지조림

가지 1/2개

간장 · 맛술 · 청주 · 물 1큰술씩

설탕 1큰술

생강즙 · 식용유 조금씩

파프리카구이

노랑 파프리카 1/4개

누룩소금 1작은술

*누룩소금은 소금을 쌀누룩으로 발효시킨 것으로 발효 향과 단맛이 난다. 없으면 소금을 쓴다.

오이절임

오이 1/4개

소금 · 누룩소금 조금씩

현미 식초 · 참기름 조금씩

토마토절임

토마토 1/4개

소금 · 바질 가루 조금씩

올리브오일 조금

How to cook

1 뜨거운 밥에 단촛물을 조금씩 넣으면서 밥알이 부서지지 않도록 살살 섞는다.

2 가지는 사방 1cm 크기로 썰어 팬에 식용유를 두르고 볶다가 양념을 모두 넣어 조린다.

3 파프리카는 직화로 구워 껍질을 태운 뒤, 탄 부분을 벗겨내고 잘게 썬다. 누룩 소금을 뿌려 냉장고에 1시간 정도 둔다.

4 오이는 저며 소금에 10분 정도 절인 뒤 물기를 짠다. 누룩소금과 식초를 넣어 버무린 뒤, 소금과 참기름을 넣는다.

5 토마토는 데쳐 껍질을 벗기고 씨를 뺀 뒤, 잘게 썰어 종이타월로 물기를 뺀다. 소금과 올리브오일을 넣어 버무리고 바질 가루를 뿌린다.

6 케이크 틀, 반찬통 등 네모난 그릇에 비닐 랩을 넉넉히 깐다.

7 ⑥에 초밥을 얇게 깔고 가지조림을 얹는다. 그 위에 초밥, 토마토절임, 초밥, 오이절임, 초밥, 파프리카구이 순으로 층층이 담는다.

8 ⑦을 비닐 랩으로 덮고 꾹 누른다.

9 틀을 뒤집어 초밥을 빼서 비닐 랩을 벗긴다. 한입 크기로 썰어 접시에 담고 남은 재료들을 적당히 올린다.

Tip

그릇에 초밥을 꽉 차게 담은 뒤 전체적으로 잘 눌러야 모양이 예쁘다. 누름초밥에 정해진 토핑은 없다. 냉장고 속 재료나 반찬을 활용해도 좋다.

VEGAN
Freshly Homemade Vegan Veganing

신선한 빵과 브런치,
비건 베이커리 카페

비건비거닝

Vegan veganing

신선하고 바른 재료, 맛있는 레시피로 비건 빵과 샐러드, 샌드위치 등을 만들어 소개하는 비건비거닝. 강원도와 상생협력 브랜딩하는 매장으로 비건 애플파이, 밤식빵, 인쑥씨식빵 등의 시그니처 메뉴가 주를 이루고 수프, 파스타, 샐러드, 주먹밥 등 간단한 비건 식사도 가능하다. 당일 생산, 당일 소진을 원칙으로 모든 빵을 100% 수제로 만들다 보니 빵이 일찍 떨어지는 경우가 많다. 원하는 빵을 먹으려면 네이버 예약 시스템을 통해 예약하고 가는 것이 좋다.

서울시 강남구 선릉로85길 6 호텔뉴브 1층

02-740-5060

www.aerak.com

사과는 쿵쿵 1만2천 원, 이태리 양탄자 5천 원, 빵빵 플레이트 3만 원

비거니즘을 추구하는 복합 문화 공간을 꿈꾸다

선릉역 뉴브 호텔 1층에 있는 비건비거닝은 비건 빵과 브런치 세트, 비건 안주 등을 소개하는 카페 겸 문화 공간이다. 2021년 6월에 오픈해 몇 달이 채 되지 않았는데도 선릉역 주변 직장인들뿐 아니라 비건 빵에 관심이 많은 이들에게 입소문이 나 예약하고 가지 않으면 원하는 빵을 고를 수 없을 정도로 큰 인기를 끌고 있다.

비건비거닝의 빵들은 밀도가 높아 무게감이 있고 쫄깃하며 기존의 빵에 비해 단맛이 덜하다. 지나친 당분을 자제하고 식물성 재료의 맛을 살린 것이다. 달걀, 버터, 우유 등 동물성 재료를 사용하지 않는 것은 물론 동물 실험을 하지 않은 재료들을 사용하고, 발효 숙성 과정에서 인공적인 맛을 첨가하지 않는다. 비건 빵의 특성상 기계로 할 수 있는 일이 별로 없어 발효 숙성의 거의 모든 과정을 수작업으로 하기 때문에 하루에 생산할 수 있는 양이 제한적이라 일찍 소진되는 경우가 많다.

비건 빵과 샌드위치 외에 간단한 비건 식사도 준비되어 있다. 비건 토마토소스를 활용한 비건 라이

1

2

1 _ 비건비거닝의 시그니처 컬러는 옐로다. 보통 그린으로 상징되는 비건 이미지에서 벗어나 밝고 경쾌한 느낌을 표현했다.

2 _ 가장 인기 좋은 후무스 샐러드와 요구르트. 간단한 점심 한 끼로 직장인들이 많이 찾는다.

3

4

스와 콩고기 불고기로 만든 콩불 주먹밥, 오븐에 구운 채소 플레이트 등이다. 근처 직장인들이 점심에 가볍게 식사하기 딱 좋은 메뉴들로만 구성되어 있다. 앞으로도 손님들이 편하게 먹을 수 있는 식사 메뉴를 조금씩 더 선보일 예정이다.

비건비거닝은 비거니즘을 추구하는 복합 문화 공간을 꿈꾸는 만큼 다양한 비건 제품들도 엄선해 소개한다. 국제인증을 받은 유기농 면 100% 네트 백, 천연 양모 볼과 친환경 브러시 등의 생활용품, 비건 인증을 받은 화장품 등을 만나볼 수 있다.

포장재나 식기도 꼼꼼하게 챙겨 친환경을 실천한다. 포장에 사용하는 PLA 포장재는 옥수수 녹말에서 추출한 성분으로 매립시 몇 개월 내에 생분해된다. 비건에 대한 고민과 연구로 만들어진 비건비거닝은 다양한 사업 확장을 통해 비거니즘을 추구하는 복합 문화 공간으로 도약하기 위해 노력하고 있다.

---

4 _ 비건비거닝의 빵들은 당일 생산과 당일 소진을 원칙으로 한다.
5 _ 직접 만드는 음식 외에도 비건 관련 생활용품을 다양하게 소개하고 있다.

강원필 이사

Interview

비건비거닝
강원필 이사
김혜경 셰프

"우리 땅에서 난 좋은 재료로 만든 건강 비건식을 소개합니다"

강원필 이사

20년 동안 국내외 글로벌 행사를 담당했었어요. 2018년 평창 동계 올림픽에서 캐나다 팀의 의식주 관련 행사를 기획하게 되었는데, 그 때 평창이 대한민국에서 유일하게 미세먼지 없는 청정지역이라는 것을 알았어요. 해외 업무가 줄어들면서 올림픽을 함께했던 이들과 긴 대화를 나누게 되었고, 강원도 고랭지의 좋은 먹거리로 음식을 만들어보면 어떨까 하는 생각이 들었어요. 자연 빵의 달인 김혜경 셰프님을 만나 구체적인 메뉴 개발을 했고 지금의 비건비거닝이 탄생했습니다. 애플트리애락(www.aerak.com)이라는 농업 법인을 만들어 좋은 식재료와 비건 음식을 알리는 데도 앞장서게 되었고요.
무엇보다 우리 땅에서 난 신선한 재료로 누구에게도 해를 끼치지 않는 맛있는 음식을 만들자는 목표를 가지고 있어요. 그래서 기후 변화가 적고 미세먼지도 없는 평창 700고지의 재료로 자연 빵을 만들게 되었어요.
비건비거닝은 비건 케이터링과 온라인 스토어 사업도 진행 중이에요. 온라인 스토어에서는 비건비거닝의 빵류와 다양한 비건 제품을 만나보실 수 있습니다.

김혜경 셰프

홈베이킹을 꾸준히 하다가 망원동에 '김혜경 자연빵'이라는 1인 운영 베이커리를 낸 것이 10년 전이에요. 버터와 달걀을 쓰지 않는 건강빵 만들기에 관심이 있었고, 매장이 인기를 끌면서 TV 프로그램 '생활의 달인'에 출연까지 하게 되었어요.
비건비거닝과 함께하기 전에도 자연 빵을 만들어왔기에 비건 베이킹에 대한 노하우는 가지고 있었어요. 빵 반죽에 변화를 주고 우유, 버터, 달걀의 빈자리를 채울 수 있는 재료들을 찾는 연구를 많이 했죠.
비건 빵을 만드는 방법은 제 방식을 접목했지만, 비건비거닝을 통해 제 생활에도 변화가 찾아왔어요. 식생활에 국한되어 있던 비거니즘을 생활양식에 적용하게 된 거예요. 동물권에 관심이 생기고 환경과 자연을 지키려는 마음도 커졌어요. 앞으로 비건에 대해 더 많이 공부해서 좋은 먹거리를 만들어내려고 노력하고 있습니다.

김혜경 셰프

소화에 좋은 쌀로 만든 바게트에 당근 라페와 새콤달콤란 소스를 곁들인 건강 샌드위치. 담백하고 깔끔한 한 끼 식사가 된다.

recipe 1

호방빵 샌드위치

Ingredient _ 1인분

호방빵(쌀 바게트) 1/2개
로메인 · 루콜라 · 적양배추 적당량

당근 라페

당근 1개
레몬즙 1큰술
홀그레인 머스터드소스 1큰술
올리브오일 1큰술
소금 조금
후춧가루 조금

올리브 스프레드

블랙 올리브 100g
다진 마늘 2g

How to cook

1 당근을 채 썰어 소금으로 간을 맞춘 뒤 나머지 당근 라페 재료를 섞는다. 냉장고에 넣어 하루 정도 숙성시킨다.

2 호방빵을 옆으로 반 자른다.

3 로메인, 루콜라, 적양배추를 깨끗이 씻어 물기를 뺀다.

4 올리브 스프레드 재료를 믹서에 넣어 간다.

5 호방빵 안쪽에 올리브 스프레드를 바르고 채소를 넣은 뒤 당근 라페를 올린다.

Tip

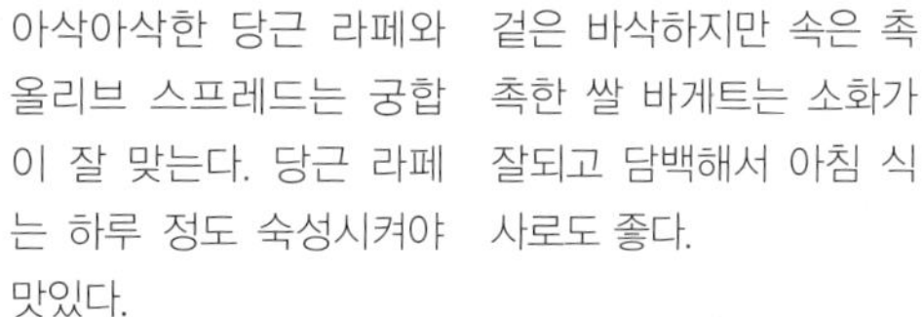

아삭아삭한 당근 라페와 올리브 스프레드는 궁합이 잘 맞는다. 당근 라페는 하루 정도 숙성시켜야 맛있다.

겉은 바삭하지만 속은 촉촉한 쌀 바게트는 소화가 잘되고 담백해서 아침 식사로도 좋다.

싱싱한 채소와 견과류, 당근 라페를 푸짐히 넣어 영양이 풍부한 샐러드. 간장 드레싱으로 고소한 맛을 더하고 비건비거닝의 특제 후무스를 올려 속이 든든하다.

recipe 2

오리엔탈 샐러드

Ingredient _ 1인분

양상추 · 로메인 · 오크 리프 50g
오이 1/4개
단호박 1/4개
토마토 1/4개
견과류 20g
당근 라페(p.189 참고) 20g
후무스(시판) 30g

* 샐러드용 채소는 좋아하는 채소를 사용해도 된다.

간장 드레싱

다진 마늘 5g
간장 25g
발사믹 식초 15g
레몬즙 10g
원당(또는 설탕) 5g
올리고당 10g
참기름 5g
통깨 조금

How to cook

1 양상추, 로메인, 오크 리프를 깨끗이 씻어 물기를 뺀 뒤 먹기 좋게 자른다.

2 오이와 토마토는 한입 크기로 썬다.

3 단호박은 쪄서 토마토와 비슷한 크기로 썬다.

4 간장 드레싱 재료를 모두 섞는다.

5 그릇에 ①의 채소를 담고 구운 아몬드, 호두, 캐슈너트 등의 견과류를 뿌린다.

6 ⑤에 오이, 토마토, 단호박, 당근 라페, 후무스를 올리고 간장 드레싱을 뿌린다.

Tip

비건비거닝의 후무스는 병아리콩을 푹 삶아 특제 소스를 넣고 만든 대표 비건 메뉴다. 가까운 비건 매장이나 온라인 몰에서도 후무스를 살 수 있다.

간장 드레싱은 샐러드 외에 구운 두부, 구운 채소에 곁들여 먹어도 좋다.

곁들여 먹으면 더 맛있는 비건 요구르트. 오븐에 구운 현미와 견과류를 넣어 고소하다.

비건 치즈와 쫀득한 포카치아로 만든 비건 피자. 시판 빵과 시판 토마토 페이스트를 활용하면 집에서도 쉽게 비건 피자를 만들 수 있다.

recipe 3

이태리 양탄자

Ingredient _ 4인분

비건 포카치아(또는 비건 식빵) 4장
양파 1/2개
파프리카 1/2개
느타리버섯 30g
템페 40g
비건 소시지 2개
비건 치즈 50g
비건 토마토 페이스트 50g
올리브오일 적당량
소금 조금
후춧가루 조금

How to cook

1 양파와 파프리카, 느타리버섯은 채 썬다.

2 템페는 네모나게 잘라 소금, 후춧가루, 올리브오일을 넣고 버무린다.

3 비건 소시지는 어슷하게 썬다.

4 비건 포카치아에 토마토 페이스트를 꼼꼼하게 바르고 준비한 재료를 골고루 올린다.

5 비건 치즈를 골고루 뿌려 180℃로 예열한 오븐에 10분 정도 굽는다.

Tip

템페는 콩을 발효시켜 만든 인도네시아 전통 식품으로 우리의 청국장과 비슷하지만 단단하다. 견과류나 버섯처럼 고소한 맛이 나 비건 요리에 많이 쓴다.

비건 피자는 커다란 팬에 한 번에 구워 냉동실에 얼려두고 한 조각씩 꺼내 먹어도 좋다.

피자와 잘 어울리는 상그리아. 무알콜 상그리아 에이드에 블루베리와 복숭아를 얼려 넣고 탄산수를 섞어 상큼하다.

도시락으로 준비하면 좋은 비건 주먹밥. 짭조름한 표고버섯조림의 감칠맛에 콩불고기의 고소한 맛이 더해져 남녀노소 누구나 좋아한다. 냉장고 속 자투리 채소를 활용하기 좋은 요리다.

recipe 4

콩불고기 주먹밥

Ingredient _ 1인분

현미밥 1공기
콩고기 100g
표고버섯 100g
양파 1/4개
파프리카 1/4개
구운 호두 10g
간장 4큰술
올리고당 2큰술
참기름 1큰술
올리브오일 적당량

How to cook

1 표고버섯과 양파, 파프리카, 콩고기는 잘게 썰고, 호두는 다진다.

2 표고버섯에 간장, 올리고당, 참기름을 넣어 조린다.
* 밥에 따로 간을 하지 않기 때문에 짭짤하게 조린다.

3 달군 팬에 올리브오일을 두르고 표고버섯조림과 양파, 파프리카, 콩고기를 넣어 볶는다.

4 ③에 다진 호두를 넣어 섞는다.

5 현미밥에 ④를 넣고 섞어 동그랗게 빚는다.

Tip

말린 표고버섯으로 만들면 풍미가 훨씬 더 좋다. 물에 불려서 사용한다.

한입에 쏙 들어가도록 조금 작게 만들어야 먹기 편하다.

plus page

비건비거닝에서 가볍게 즐기는 비건 술과 안주

술도 비건 술이 있다

술의 원료는 대부분 식물성이다. 와인은 포도, 막걸리는 쌀, 맥주는 보리와 홉, 소주는 곡식으로 만든다. 그런데도 비건과 논비건을 구분하는 이유는 바로 양조 과정에서 동물성 재료를 사용하는 경우가 있기 때문이다. 맥주와 와인 같은 발효주는 불순물을 걸러내는 정제 과정이 있는데, 이때 젤라틴이나 달걀흰자 등을 쓰기도 한다. 꿀이나 우유가 들어간 맥주나 리큐어도 논비건이다.

일부 와인이나 맥주는 비건 인증을 받아 마크를 달고 나온다. 비건 펍이나 비건 식당에서 취급하는 비건 술은 모두 인증을 받았거나 주인이 꼼꼼히 따져보고 판매하는 것들이니 믿을 수 있다.

우리나라 최초의 비건 인증 맥주, 인천맥주 사브작

비건 맥주는 여과제 등의 첨가물까지 식물 성분의 것만 사용한 맥주다. 비건비거닝에서는 우리나라에서 유일하게 인증 받은 비건 맥주인 인천맥주를 맛볼 수 있다. 미국 비건인증기관인 BEVEG에서 인증 마크를 받은 '사브작'은 인천의 수제 맥주 양조장 칼리가리 브루잉이 만든 제품으로, 향이 진하고 맛도 강한 편이다. 맥주 외에 직접 엄선한 비건 와인도 있다.

다양한 맛을 한 번에 즐기는 비건 안주, 빵빵 플레이트

비건 술과 함께 즐기기 좋은 비건 안주 빵빵 플레이트는 비건비거닝의 또 다른 인기 메뉴다. 그린 올리브와 블랙 올리브, 말린 과일, 비건 육포, 견과류, 부각, 비건 치즈 등이 와인이나 맥주와 잘 어울릴 뿐 아니라 비건 빵을 곁들여 든든한 한 끼 식사로도 손색없다.